物理能量转换

图文并茂，具有趣味性、知识性

CHAOZIRANDELILIANG

超自然的力量

编著◎吴波

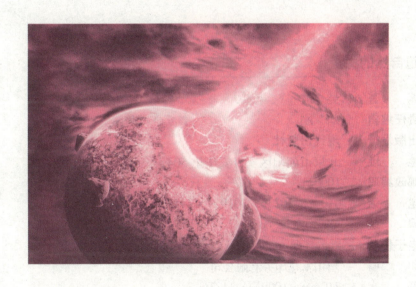

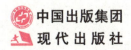

中国出版集团

现代出版社

图书在版编目（CIP）数据

超自然的力量／吴波编著 . —北京：现代出版社，
2013.1 （2024.12重印）
（物理能量转换世界）
ISBN 978 − 7 − 5143 − 1045 − 0

Ⅰ.①超… Ⅱ.①吴… Ⅲ.①能 − 青年读物②能 − 少
年读物 Ⅳ.①O31 − 49

中国版本图书馆 CIP 数据核字（2012）第 292874 号

超自然的力量

编　　著	吴　波	
责任编辑	刘　刚	
出版发行	现代出版社	
地　　址	北京市朝阳区安外安华里 504 号	
邮政编码	100011	
电　　话	010 − 64267325　010 − 64245264（兼传真）	
网　　址	www. xdcbs. com	
电子信箱	xiandai@ cnpitc. com. cn	
印　　刷	唐山富达印务有限公司	
开　　本	710mm × 1000mm　1/16	
印　　张	12	
版　　次	2013 年 1 月第 1 版　2024 年 12 月第 4 次印刷	
书　　号	ISBN 978 − 7 − 5143 − 1045 − 0	
定　　价	57. 00 元	

前　言

　　能量是用以衡量所有物质运动规模的统一的客观尺度。世界是物质的世界，同样也是能量的世界，能量无所不在，虽然我们看不见能量，却可以通过热、光、电、运动等形式感觉到它的存在。

　　日常生活中，"能量"随处可见：熊熊燃烧的煤炭释放出能量；地面接受太阳辐射获得能量；滚滚岩浆从地下涌出带来能量……在我们这个星球上，任何事情的发生都必然伴随着某种形式的能量。

　　能量有多种存在形式，不同形式的能量之间可以相互转化，我们所熟知的各种机械其实就是将某种形式的能量转化为另一种形式的能量的工具。

　　能量的世界是非常热闹的，也是非常奇妙的，太阳是地球上的"能源之母"，风能、水能、化学能以及生物质能均是太阳能的转化。这些能量以各种面貌、各种形式呈现于世。

　　太阳不断地向宇宙辐射巨大的能量，其中只有二十二亿分之一跑上1.5亿千米的路，来到地球上。但仅仅是这二十二亿分之一的辐射能量，却是整个世界一年所消耗的总能量的200倍。仅每年投射到我国的太阳能，就相当于燃烧1.2万亿吨标准煤产生的热量。比一个人的两只脚底面积稍微大一些的地球表面每天接收到的太阳能量，基本上相当于一盏台灯工作时所需的能量。大量腐烂的动植物体沉积在陆地、沼泽、湖泊和浅海中，经过翻天覆地的地壳巨变和千百万年的沧桑，在细菌的作用下，变成了晶莹黑亮的煤炭和石油，最终被人们从地下发掘出来服务于人类。在到达地球的太阳辐射能中，约有20%被地球大气层所吸收，剩下的部分只有很小的一部分被转化为风能，但就是这很小的一部分转化能，也相当于 1 万多亿吨标准煤所储藏的能量，由此可见，风能的潜力有多大。如果能够利用这些风能为人类服务，即使不是全部利用（事实上也做不到），那对人类来说意义也非常深远。

除了风能、水能、化学能、生物质能这些常见的能量以外，还有地热能、核能、电磁波、宇宙能等"新兴"的能量，人类对这些能量的研究还处于初级阶段，对其的开发利用也仅是刚刚开始，其中还有许多秘密需要继续研究、探索。

在能源危机越来越严重的时代，了解一下我们身边的各种能源能量，认识到哪些新能源有待开发，哪些能量更便于利用，更有益于人类，对于解决目前的能源危机和人类的发展有着莫大的意义。

目 录

化学能

生物质能

风 能

核 能

电磁波

宇宙能

化学能
HUAXUENENG

化学能是物体发生化学反应时所释放出的能量，化学能很隐蔽，不能直接用来做功，只能先变成热能或者其他形式的能量，然后这些转化后的能量再做功。煤的燃烧就属于一种化学能的释放。

各种物质都储存有化学能，但由于每种物质的组成成分和组成结构不同，所含的化学能也就不同。常规能源中的煤、石油、天然气燃烧时都会放出大量的化学能，这些化学能是以热能的形式表现出来的。

劳苦功高的煤炭

煤炭是地球上蕴藏量最丰富，分布地域最广的化石燃料。据世界能源委员会的评估，世界煤炭可采资源量约15.34万亿吨标准煤，占世界化石燃料可采资源量的66.8%。其中7个储量最大的国家依次为美国、中国、俄罗斯、澳大利亚、印度、德国、波兰。

古希腊关于普罗米修斯盗取天上圣火送给人间的神话，是火在人类社会发展中起着关键作用的最好注脚。正是在火的光辉照耀下，人类才迈出了文明的第一步，从而日益繁盛起来。

煤与火有着密切的关系。人们把煤炭称作乌金墨玉，不仅是它有金子般的光泽和玉石般的晶莹外表，更重要的是，它对于提高人类生活水平起了无法估量的重大作用。那么，煤炭是从哪里来的呢？

也许你会说，煤炭不就是从煤矿里挖出来的吗？然而，你可知道，煤矿却是几经沧桑，既经历过日积月累、悠长的缓慢变化，又经历过地壳翻天覆地的剧烈变动后才形成的。简单一点说吧，大约100万年到44亿年前，地球的环境和气候条件很适于植物的大量生长和繁殖。它们大量地出现在陆地、沼泽、湖泊和浅海中。死亡的植物日积月累，逐渐沉积起来，在细菌的作用下，经过一段很长的时间，慢慢硬化，变成褐色或黑色的泥炭。再经过一段漫长的岁月，这些泥炭被深深地埋在地下，这样，泥炭就和空气完全隔绝了。细菌在缺氧的高温条件下无法生存，终于停止了活动；泥炭却处在高温高压的环境中，被挤压成了褐煤。又经过一段很长的时间，褐煤受到更大的压力而形成更硬的烟煤。随着岁月的流逝，烟煤又受到了更大的压力，最后变成很硬的、晶莹黑亮的无烟煤。

褐　煤

褐煤多呈褐色，其名称即由此而来，有些褐煤是黑褐色或黑色的，有些则带有淡黄的颜色。褐煤的光泽一般较暗淡。烟煤大多数呈黑色、暗黑色或亮黑色，无烟煤一般呈铜灰色，且具有明亮的金属或半金属光泽。

这三种煤都能燃烧，但发热的能力却不一样。如果定义燃烧1千克煤所释放出来的热量叫做煤的热值，使1克水温度升高1℃所需要的热量是1卡，则褐煤的热值只有 $1.0 \times 10^7 \sim 1.7 \times 10^7$ 焦耳/千克，烟煤的热值为 $2.2 \times 10^7 \sim 2.9 \times 10^7$ 焦耳/千克，无烟煤热值可达 $2.5 \times 10^7 \sim 3.1 \times 10^7$ 焦耳/千克。

褐煤生性活泼，很容易被火点着，燃烧时冒出浓重的黑烟，但火力不强。烟煤燃烧起来火很旺，烟很浓，火苗呈黄红色，故人们常称之为"红火煤"。无烟煤生性冷静，不易点燃，但一旦烧起来温度高，火力足，冒烟很少，其火焰呈蓝色，故得了个雅号——"蓝火煤"。

　　无烟煤热值高，是一种很好的工业和民用燃料。无烟煤又可以用来制造煤气、电极、化肥，还可以用来炼铁。

　　褐煤作为燃料价值是不大的，但作为化工用煤却很有用处。它可以用来制造煤气，用来生产有机原料而获得形形色色的化工产品。含油率高的褐煤还可以用来炼制液体燃料。

无　烟　煤

烟　　煤

　　烟煤可以说是一个多面手。按照工业上的分类，烟煤可分为8类：贫煤、瘦烟、焦烟、肥煤、气煤、弱黏结煤、不黏结煤和长焰煤。其中，贫煤、气煤、弱黏结煤、不黏结煤和长焰煤等可用来生产煤气；气煤、弱黏结煤、不黏结煤和长焰煤等可用作上等的动力燃料；长焰煤可用来炼制液体燃料；焦煤、肥煤、气煤、瘦煤和弱黏结煤等可用来炼制焦炭，这是烟煤所作出的最可宝贵的一项贡献。

　　人类利用煤炭已有 2 000 多年的历史了。我国古代人民是最早发现并利用煤炭烧饭和取暖的。在公元前 200 多年的汉代，就有关于发现和利用煤炭的记载了。在西方，古希腊虽然也有人使用煤，但却因此而被治罪。欧洲人在相当长的时期内都没有利用煤炭。13 世纪 80 年代，即我国元朝初期，意大利人马可·波罗来到中国，看到中国人用煤作燃料，竟吃惊不已，并把此事在他的著作《东方见闻录》中作了详细记述。可是，到 1765 年，英国人瓦特发明了蒸汽机以后，煤炭一跃而成为人类的主要能源，成为工农业生产和科学技术开发

的原动力和人民生活的必需品。

　　煤炭是重要能源，也是冶金、化学工业的重要原料。主要用于燃烧、炼焦、汽化、低温干馏、加氢液化等。

　　①燃烧。煤炭是人类的重要能源资源，任何煤都可作为工业和民用燃料。

　　②炼焦。把煤置于干馏炉中，隔绝空气加热，煤中有机质随温度升高逐渐被分解，其中挥发性物质以气态或蒸气状态逸出，成为焦炉煤气和煤焦油，而非挥发性固体剩留物即为焦炭。焦炉煤气是一种燃料，也是重要的化工原料。煤焦油可用于生产化肥、农药、合成纤维、合成橡胶、油漆、染料、医药、炸药等。焦炭主要用于高炉炼铁和铸造，也可用来制造氮肥、电石。电石亦是塑料、合成纤维、合成橡胶等合成化工产品的原料。

　　③汽化。汽化是指转变为可作为工业或民用燃料以及化工合成原料的煤气。

　　④低温干馏。把煤或油页岩置于550℃左右的温度下低温干馏可制取低温焦油和低温焦炉煤气，低温焦油可用于制取高级液体燃料和作为化工原料。

　　⑤加氢液化。将煤、催化剂和重油混合在一起，在高温高压下使煤中有机质破坏，与氢作用转化为低分子液态和气态产物，进一步加工可得汽油、柴油等液体燃料。加氢液化的原料煤以褐煤、长焰煤、气煤为主。

　　综合、合理、有效地开发利用煤炭资源，并着重把煤转变为洁净燃料，是人们努力的方向。

　　尽管地球上的煤炭资源十分丰富，专家们估计，如果单独使用煤炭，也足以满足全人类今后至少200年所需要的能源，然而，它毕竟是一种非再生能源，用一点就会少一点。

▸▸ 知识点 ▸▸▸▸▸

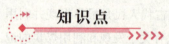

油 页 岩

　　油页岩又称油母页岩，是一种含有碳氢化合物的可燃沉积岩。油页岩经低温干馏可以得到页岩油，页岩油类似原油，可以制成汽油、柴油或作为燃料油。除单独成矿藏外，油页岩还经常与煤形成伴生矿藏，一起被开采出来。油页岩属于非可再生资源或者说是一次能源。

延伸阅读

煤炭的综合利用

煤炭的利用率不高，不少宝贵的化工原料都被白白地浪费了，而且对环境有很大的污染。在这种情况下，就需要对煤炭进行综合利用。

煤炭的综合利用主要是把煤块变成气体和液体，像天然气和石油那样用来燃烧。这样一来，不仅使用起来很干净，而且还可以提高使用效率。在汽车化和液化的过程中，可以脱掉煤中的绝大部分硫，大大减少燃烧时的有害气体，同时可以从煤中提取宝贵的化工原料，制作化肥、农药等，光是从煤中得到的煤焦油里就可以提取 500 多种产品。美国和欧洲一些国家采用沸腾炉催化加氢的新工艺，可以把煤直接液化生产出汽油、柴油，用这种方法生产出的燃油，比用石油生产燃油降低 10% 的成本。每吨煤可以生产 5 桶汽油，比直接燃用原煤提高效率一倍多，并可以综合生产出一些有用的化工原料。

英国和日本等国家使用一种煤汽化高压反应装置，把煤放在 60 个大气压和 1 000℃高温的条件下，与氢或空气反应汽化生产出甲烷和一氧化碳等可燃气体。用这些可燃气体来发电不仅效率高而且污染小。

有的国家已研制出煤粉动力汽车。首先把煤制成颗粒极细的粉末，然后输入汽车发动机喷气管，用压缩空气将煤粉高速喷进燃烧室燃烧，产生动力驱动汽车。这种汽车每小时可行驶 180 千米。由于煤粉得到充分燃烧，对环境的污染可大大减少。

浑身是宝的石油

　　石油浑身是宝，是当今世界的主要能源，它在国民经济中占非常重要的地位。

　　首先，石油是优质的动力燃料的原料。通常用的木柴，热值仅为 $8.4 \times 10^6 \sim 1.0 \times 10^7$ 焦耳/千克，烟煤为 2.1×10^7 焦耳/千克，焦炭为 2.9×10^7 焦耳/千克，而石油为 4.2×10^7 焦耳/千克，汽油为 4.6×10^7 焦耳/千克，天然气为 $2.9 \times 10^7 \sim 5.0 \times 10^7$ 焦耳/千克，也就是说，燃烧 1 千克石油，相当于燃烧 4～5 千克木柴或 2 千克烟煤。汽车、内燃机车、飞机、轮船等现代交通工具都是用石油的产品——汽油、柴油作动力燃料的；新兴的超音速飞机、导弹、火箭，也都是以石油提炼出来的高级燃料作为动力的。

　　石油也是提炼优质润滑油的原料。在一切转动的机械的"关节"中添加的润滑油都是石油制品。

涤 纶 线

　　石油还是重要的化工原料。石油化工厂利用石油产品可加工出 5 000 多种重要的有机合成原料。常见的色泽美观、经久耐用的涤纶、尼纶、腈纶、丙纶等合成纤维；能与天然橡胶相媲美的合成橡胶；苯胺染料、洗衣粉、糖精、人造皮革、化肥、炸药等等都是由石油产品加工而成的。

　　石油经过微生物发酵，还可以制成合成蛋白。它是利用一种爱吃石蜡的嚼蜡菌，放在石油中的嚼蜡菌吃食石蜡后，会以惊人的速度繁殖起来。嚼蜡菌自身含有丰富的蛋白质，每千克菌体含有相当于 20 个鸡蛋所含的蛋白质。

如果将目前世界上年产 30 多亿吨石油中的石蜡（约占 10%）的一半制成蛋白质，一年就可制得 1.5 亿吨人造蛋白，这是十分可观的人造蛋白资源。

现在，人们已经用嚼蜡菌体作为饲料。不久的将来，它们会被用来制作味道鲜美、营养丰富的食品，送上餐桌。

石油浑身都是宝。就连炼油最后剩下的石油焦和沥青也都是宝贝。石油焦做炼钢炉里的电极，可以提高钢的产量；还可用它作为制造石墨的原料。沥青则可以制作油毡纸或铺路。

石油被人们誉为工业的"血液"，是名不虚传的。地球上蕴藏着丰富的石油，据估计它的蕴藏量为 1 000 多亿吨，其中海洋里蕴藏着 700 多亿吨左右。

尽管人们认识石油的模样，但由于它埋藏在地下，要探寻它不是件容易的事，而我们的祖先早就总结了许多寻找石油的宝贵经验。

最简单的办法是通过追寻石油露出地面的蛛丝马迹，以找到它的藏身之地。例如，含石油的岩石受侵蚀露出地面或油层产生断裂，石油沿裂缝流出地面，有时漂在水面形成五光十色的薄膜，这就是油苗，发现了它，可跟踪追击到地下，找到油田。

天然气往往与石油共生，因此通过发现池沼、河道或水坑里冒出的水泡，可判断天然气苗，从而找到石油。

有时，在一些地方发现被石油浸过的疏松砂子，这就是油砂，找到了它就可顺藤摸瓜找到石油。

还有，地下深处的石油，沿着岩缝升到地表，轻成分挥发后，留下的成分聚集成沥青丘，找到了它也就有了找到石油的希望。

除这些简易的探油办法外，近代采用了先进的勘查技术，可以迅速而准确地找到石油。这些勘查方法有：地球物理勘探法、地球化学勘探法、新型遥感勘探法等。特别是在人造地球卫星上安装了遥感器后，通过远距离摄影，以及电子计算机数据处理，可以进行大面积探寻石油。

人类发现和利用石油的历史十分悠久。我国的劳动人民早在 3 000 多年前就开始利用石油，在古书《易经》里就有利用石油的记载。2 000 多年前，我国开采石油做燃料和润滑剂，到 11 世纪，我国开凿了第一批油井，并炼制出

粗石油产品——"猛火油"，还加工制取了其他石油制品（例如炭黑、石蜡、沥青等）。

我国北宋著名科学家沈括在他的名著《梦溪笔谈》中，首先使用了"石油"这个科学的名词，在此以前人们都把石油称作石蜡水、石漆等。沈括还提出了石油生存环境和发展前景的科学理论和预测。

目前，世界上对常规能源资源的储量是否有限，也存在着不同的论点。

甚至有的科学家认为石油和天然气储量并非是有限的，对石油是由有机物质形成的传统观念提出了严肃的挑战。这部分科学家提出了无机生成石油理论。他们认为，碳氢化合物可在地幔深处产生，并沿裂缝周期性上升；不仅在沉积层内，而且在岩浆岩和多孔火山岩内积聚。为了证明无机成油理论，已经有科学家通过实验室模拟地幔深处条件，无机合成出了石油。

另外，在绝无生命存在的空间星体上，也已发现类似于石油和可燃气的物质。这似乎在证明无机生成石油的理论并非是没有根据的。预计，无机生成石油理论在未来将是能源科技发展前沿的重要依据。如果这一理论得以验证，油、气资源则将不是像有人预测的那样在今后几十年会枯竭，而是可为人类服务更长的时间。

➡️ 知识点 ▶▶▶▶

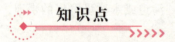

合 成 纤 维

　　合成纤维是化学纤维的一种，是将人工合成的、具有适宜分子量并具有可溶或可熔性的线型聚合物，经纺丝成形和后处理而制得的化学纤维。

　　与天然纤维和人造纤维相比，合成纤维的原料是由人工合成方法制得的，生产不受自然条件的诸多限制。合成纤维除了具有化学纤维的一般优越性能，如强度高、质量轻、易洗易干、弹性好、不怕霉蛀等外，不同品种的合成纤维各具有某些独特性能。合成纤维有很多，常见的有聚四氟乙烯纤维、聚酰亚胺纤维、聚丙烯腈纤维等。

延伸阅读

石油的身世

大约在几亿年前，辽阔的海洋里还没有鱼和虾，那里是低等生物的王国，生活着大量单细胞生物。构成它们的化学元素主要是碳、氢、氧。由这些单细胞生物又进化出许多的海洋低等生物，繁殖量很大的是浮游生物。大量的海洋生物死后，它们的遗体沉入海底，被泥沙所覆盖，与空气基本隔绝，在细菌的作用下发生着变化。生物遗体里的脂肪酸变成了类似石油的烃类，蛋白质变成了芳香烃类。在分解的过程中，一些气体和可溶于水的产物从堆积处散失，就这样，形成了含有有机物的黑乎乎的淤泥。经过漫长的地质演变，在一定的温度、压力及放射性元素等因素的综合作用下，经过数百万年乃至更长时间的缓慢演变，逐渐变成了石油。在这沧桑巨变中，泥沙也固结成了岩石——沉积岩，生成的石油就分布于这些沉积岩中。

洁净高效的天然气

我国明朝天启六年，即公元 1626 年的 5 月 30 日在我国北京发生了一场人类历史上罕见的特大灾祸。当时，只听得"大震一声，天崩地塌，昏暗如夜，万室平沉。东自顺城门大街，北至刑部街，长三四里，周围十三里，尽为齑粉。王恭厂（当时的火药厂）一带被破坏得最为严重……"这就是有名的王恭厂大爆炸事件，这一事件至今仍被列为与 3 000 年以前印度的死丘事件和 1908 年俄国通古斯大爆炸一样，令人迷惑不解的世界爆炸之谜。

究竟是什么原因引起了如此巨大的灾难呢？科学界迄今尚无定论，但许多科学工作者坚持认为，只有天然气才有可能引起威力如此巨大的爆炸。

天然气的破坏力是如此之大，因此，有人倒过来想，如果合理地利用它们，创造的财富也必将是不可限量的。

随着现代科学技术的发展，人们在利用天然气的方面取得了不少成绩。

从广义的定义来说，天然气是指自然界中天然存在的一切气体，包括大气圈、水圈、生物圈和岩石圈中各种自然过程形成的气体。而我们通常说的"天然气"，是从能量角度出发的狭义定义，是指天然蕴藏于地层中的烃类和非烃类气体的混合物，主要存在于油田气、气田气、煤层气、泥火山气和生物生成气中。天然气又可分为伴生气和非伴生气两种。伴随原油共生，与原油同时被采出的油田气叫伴生气；非伴生气包括纯气田天然气和凝析气田天然气两种，在地层中都以气态存在。凝析气田天然气从地层流出井口后，随着压力和温度的下降，分离为气液两相，气相是凝析气田天然气，液相是凝析液，叫凝析油。

与煤炭、石油等能源相比，天然气在燃烧过程中产生的能影响人类呼吸系统健康的物质极少，产生的二氧化碳仅为煤的40%左右，产生的二氧化硫也很少。天然气燃烧后无废渣、废水产生，具有使用安全、热值高、洁净等优势。

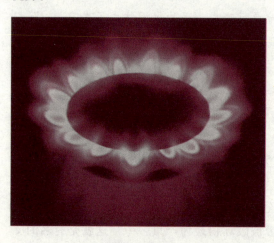

燃烧的天然气

人们认为天然气是目前世界上公认的优质高效能源和可贵的化工原料，可谓"丽质天生"。当前，人们已发现或利用的天然气有六大类：油型气、煤成气、生物成因气、无机成因气、水合物气和深海水化物圈闭气。我们日常所说的天然气是指常规天然气，它包括油型气和煤成气。这两类天然气的主要成分是甲烷等烃类气体。天然气中还有一些非烃类气体，如氨气、二氧化碳、氢气和硫化氢，等等。

天然气被广泛用作黑色冶金、化工生产、城市发电的燃料，以及对陶瓷、玻璃、电缆及不少行业的特殊工艺过程的加热和升温的燃料。

据美国一家杂志统计和分析，从1973年至1993年，全世界能源消费增加了38%，其中天然气增加65%，石油增加12%，煤炭增加28%。从能源结构看，天然气从占 19% 上升至 23%，而石油则从 49% 下降至 40%。1970 年天然气消耗量为 10 410 亿立方米，1993 年则已增加到 20 630 亿立方米。

我国是最早开发利用天然气的国家。汉晋时期，我国已经有了盐井，为了煮盐，还掘凿了火井——天然气井。

那时候的天然气井，深达 60 多丈（约合 200 米），利用井里冒出来的天然气煮盐。这比英国 1668 年使用天然气大约早 13 个世纪。

到清朝道光年间，我国四川有个叫自流井的地方，那里有一个钻井能手，他用竹、木、钻头构成钻机，钻穿了四川气田的主要地层，建成了深达 1 000 米以上的天然气井，使天然气的开发，达到了一个新的历史水平。

以液化天然气为燃料的货运飞机在 1997 年首次飞上蓝天，它是由俄罗斯图波列夫航空器材科研技术综合体研制成功的。

俄罗斯研制以天然气做燃料的飞机，是因为他们当时预测 2010 年前后，俄罗斯的航空汽油将严重短缺，而俄罗斯本身在研究天然气利用技术方面又处于领先地位，例如俄罗斯专家首创的靠压力差液化天然气的技术就被认为是当前世界上最先进的技术。

飞机如此，那么汽车呢？汽车同样可以用天然气做燃料。从 1995 年底开始，哈尔滨市首批 20 余辆汽车重新背上了"我国 20 世纪 60 年代初曾用过的燃气罐"。不过，这不再是出于"贫油"的无奈，而是冰城人保护环境、节约能源的新选择。

汽车的增多，使得尾气造成的污染日益加剧，许多大城市甚至出现了光化学烟雾。用天然气、液化石油气代替燃油，具有燃烧充分、污染小、成本低等特点。

知识点

光化学烟雾

汽车、工厂等污染源排入大气的碳氢化合物和氮氧化物等一次污染物，在阳光的作用下发生化学反应，生成臭氧、醛、酮、酸、过氧乙酰硝酸酯等

二次污染物，把参与光化学反应过程的一次污染物和二次污染物的混合物所形成的烟雾叫做光化学烟雾。光化学烟雾主要发生在阳光强烈的夏、秋季节。随着光化学反应的不断进行，反应生成物不断蓄积，光化学烟雾的浓度不断升高。光化学烟雾可随气流飘移数百千米，使远离城市的农村庄稼也受到一定的损害。

延伸阅读

天然气的身世

科学家们认为，天然气的形成多数与生物有关，例如礁型的天然气资源。在地质历史中，海洋里生存着大量的生物，它们在生长过程中具有分泌钙质骨骼的能力，在水深、温度、光照和海水含盐度适宜的条件下，这些生物一代又一代地繁殖，便形成了坚固的生物礁。研究得知，钙藻类、海绵、水螅、苔藓虫、层孔虫、珊瑚等等都曾是地质历史中的造礁生物，现代海洋中的生物礁就是由珊瑚和藻类共同形成的。在漫长的地质史中形成的礁体厚度巨大，它们死亡后，被沉积物覆盖并埋藏在地层深部，在长期的地质作用下，逐渐成为天然气形成的物质基础。

能量巨大的盐差能

盐差能是指海水和淡水之间或两种含盐浓度不同的海水之间的化学电位差能，是以化学能形态出现的海洋能。主要存在于河海交接处。同时，淡水丰富地区的盐湖和地下盐矿也可以利用盐差能。盐差能是海洋能中能量密度最大的一种可再生能源。

海水里面由于溶解了不少矿物盐而有一种苦咸味，这给在海上生活的人用水带来一定困难，所以人们要将海水淡化，制取生活用水。然而，这种苦咸的海水大有用处，可用来发电，是一种能量巨大的海洋资源。

在大江大河的入海口，即江河水与海水相交融的地方，江河水是淡水，海水是咸水，淡水和咸水就会自发地扩散、混合，直到两者含盐浓度相等为止。在混合过程中，还将放出相当多的能量。这就是说，海水和淡水混合时，含盐浓度高的海水以较大的渗透压力向淡水扩散，而淡水也在向海水扩散，不过渗透压力小。这种渗透压力差所产生的能量，称为海水盐浓度差能，或者叫做海水盐差能。

海水盐差能是由于太阳辐射热使海水蒸发后浓度增加而产生的。被蒸发出来的大量水蒸气在水循环过程中，又变成云和雨，重新回到海洋，同时放出能量。

在淡水与海水之间有着很大的渗透压力差，一般海水含盐度为 3.5% 时，其和河水之间的化学电位差有相当于 240m 水头差的能量密度，从理论上讲，如果这个压力差能利用起来，一条流量为 $1m^3/s$ 的河流的发电输出功率可达 2 340kW。

从原理上来说，这种水位差可以利用半透膜在盐水和淡水交接处实现。如果在这一过程中盐度不降低的话，产生的渗透压力足可以将盐水水面提高 240米，利用这一水位差就可以直接由水轮发电机提取能量。如果用很有效的装置来提取世界上所有河流的这种能量，那么可以获得约 2.6TW 的电力。更引人注目的是盐矿藏的潜力。在死海，淡水与咸水间的渗透压力相当于 5 000m 的水头差，而盐穹中的大量干盐拥有更密集的能量。

利用大海与陆地河口交界水域的盐度差所潜藏的巨大能量一直是科学家的理想。

在 20 世纪 70 年代，各国开展了许多调查研究，以寻求提取盐差能的方法。实际上开发利用盐度差能资源的难度很大，上面引用的简单例子中的淡水是会冲淡盐水的，因此，为了保持盐度梯度，还需要不断地向水池中加入盐水。如果这个过程连续不断地进行，水池的水面会高出海平面 240 米。对于这样的水头差，就需要很大的功率来泵取咸海水。目前已研究出来的最好的盐差能实用开发系统非常昂贵。这种系统利用反电解工艺（事实上是盐电池）来从咸水中提取能量。

还有一种可行的技术方法是根据淡水和咸水具有不同蒸汽压力的原理研究

出来的：使水蒸发并在盐水中冷凝，利用蒸汽气流使涡轮机转动。这种过程会使涡轮机的工作状态类似于开式海洋热能转换电站。这种方法所需要的机械装置的成本也与开式海洋热能转换电站几乎相等。但是，这种方法在战略上不可取，因为它消耗淡水，而海洋热能转换电站却生产淡水。所以利用盐差能的道路还需要一段较长的时间。

由于海水盐差能的蕴藏量十分巨大，世界上许多国家如美国、日本、瑞典等，都在积极开展这方面的研究和开发利用工作。我国也很重视海水盐差能的开发利用。

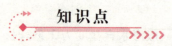 知识点

渗 透 压

渗透压是指用半透膜把两种不同浓度的溶液隔开时发生渗透现象，到达平衡时半透膜两侧溶液产生的位能差。渗透压的大小和溶液的重量、摩尔浓度、溶液温度及溶质解离度相关。如溶液浓度越大，渗透压越大。渗透压用用符号 Ⅱ 表示。

 延伸阅读

渗透压法盐差能发电

所谓"渗透压法"，就是使用增压方法，加速海水的渗透过程。科学家使用带电的薄膜，以加速淡水向海水渗透，为了延长薄膜的使用寿命，科研人员必须调整带电薄膜的正负电极的位置。如果在河流的入海口使用一种大型单向渗透薄膜，将河水和海水分开的话，就能获得巨大的海水渗透压，推动巨型涡轮机发电，因此盐差能发电站可以建在河流的入海口等处，另外，渗透压发电

厂还能建在任何一个淡水资源和咸水资源共存的地区。

初露锋芒的氢气能

翻开元素周期表，赫然坐在第一把交椅上的是氢元素。

400多年前，瑞士科学家巴拉塞尔斯把铁片放进硫酸中，放出许多气泡。可是当时人们并不认识这种气体。1766年英国化学家卡文迪许对这种气体发生了兴趣，发现它非常轻，只有同体积空气重量的6.9%，并能在空气中燃烧生成水。到1783年，法国化学家拉瓦锡经过详尽研究，才正式把这种物质取名为氢。

氢气一诞生，它的"才华"就初露锋芒。1780年，法国化学家布拉克把氢气灌入猪的膀胱中，制造了世界上第一个最原始的冉冉飞上高空的氢气球，这是氢的最初用途。以后，人们又相继发现了氢的更丰富、更重要的用途，其中最主要的用途就是做燃料。

在众多的新能源中，在燃烧相同重量的煤、汽油和氢气的情况下，氢气产生的能量最多，而且它燃烧的产物是水，没有灰渣和废气，不会污染环境；而煤和石油燃烧生成的是二氧化碳和二氧化硫，可分别产生温室效应和酸雨。煤和石油的储量是有限的，而氢主要存于水中，燃烧后唯一的产物也是水，可源源不断地循环使用，永远不会用完。为此，氢被人们誉为天字第一号的干净燃料。

氢在氧气里能够燃烧，氢气火焰的温度可高达2 500℃，因而人们常用氢气切割或者焊接钢铁材料。

在大自然中，氢的分布很广泛。水就是氢的大"仓库"，其中含有11%的氢。泥土里约有1.5%的氢；石油、煤炭、天然气、动植物体内等都含有氢。氢的主体是以化合物水的形式存在的，而地球表面约71%为水所覆盖，储水量很大，因此可以说，氢是"取之不尽、用之不竭"的能源。如果能用合适的方法从水中制取氢，那么氢也将是一种价格相当便宜的能源。

氢的用途很广，适用性强。它不仅能用作燃料，而且金属氢化物具有化学能、热能和机械能相互转换的功能。例如，储氢金属具有吸氢放热和吸热放氢的本领，可将热量储存起来，作为房间内取暖和空调使用。

氢气概念车

氢作为气体燃料，首先被应用在汽车上。1976 年 5 月，美国研制出一种以氢气做燃料的汽车，后来，日本也研制成功一种以液态氢为动力的汽车；20 世纪 70 年代末期，联邦德国的奔驰汽车公司已对氢气进行了试验，他们仅用了 5 千克氢，就使汽车行驶了 110 千米。

用氢作为汽车燃料，不仅干净，在低温下容易发动，而且对发动机的腐蚀作用小，可延长发动机的使用寿命。由于氢气与空气能够均匀混合，完全可省去一般汽车上所用的汽化器，从而可简化现有汽车的构造。更令人感兴趣的是，只要在汽油中加入 4% 的氢气，用它作为汽车发动机燃料，就可节油 40%，而且无需对汽油发动机作多大的改进。

氢气在一定压力和温度下很容易变成液体，因而将它用铁路罐车、公路拖车或者轮船运输都很方便。液态的氢既可用作汽车、飞机的燃料，也可用作火箭、导弹的燃料。美国飞往月球的"阿波罗号"宇宙飞船和我国发射人造卫星的长征运载火箭，都是用液态氢做燃料的。

另外，使用氢—氢燃料电池（以氢气为燃料气的燃料电池）还可以把氢能直接转化成电能，使氢能的利用更为方便。目前，这种燃料电池已在宇宙飞船和潜水艇上得到使用，效果不错。当然，由于成本较高，一时还难以普遍使用。

氢和电被称为两个孪生的能源"货币"，即是两个最有用的能源载体。比如，

长征运载火箭

为了使用方便，人们可以把太阳能、风能、水力能、海洋能、地热能等等采用各种发电装置将它们转变成电能，将电能输送到需要的地方，然后再转换成机械能、热能或其他形式的能加以利用。氢也一样可以成为能源载体。比如，加拿大将极其丰富的水力发电所得电力，用于电解水制氢，并将氢液化，通过罐装液氢的方法将氢经海运到德国汉堡港，并分发至德国各地。现在，氢能—电能的相互转换技术也有了新的突破。通过燃料电池，可以用氢来直接发电。燃料电池将可能成为未来世界的一种重要的发电器。不久的将来，燃料电池将成为继火力发电、水力发电、核能发电之后的第四种电力，人们对它抱有莫大的期望。不过，它需要不断降低成本，才能得到普及。

当美国为"双子星座"宇宙飞船选择电源装置时（该飞船要绕地球飞行两周），科学家们为电源的选择做了各种比较。首先这次宇宙飞行需要 200 千瓦小时的电力。为了提供这样的电力，若用最完善的蓄电池组——银锌蓄电池组，其重量为 1 500 千克，若利用太阳能电池，其重量为 335 千克，而用氢氧燃料电池装置，则只有 225 千克。这个数字首先使燃料电池占了上风。

"双子星座"宇宙飞船

此外，燃料电池在宇宙空间还有其他一些优点。它产生电力不受阳光照度的影响；它小巧紧凑，可以按宇宙飞行器的要求做成任何一种几何形状；它不怕冲击、振动、辐射、真空、失重，没有有害排放物（太空舱的容积很小，容不得任何一点儿污染）；它没有噪声，不会产生无线电干扰和辐射，在接近室温的温度下工作……

燃料电池不仅给航天员们供电，而且还直接为他们供水。因为它每生产 1 千瓦小时的电力，还合成 350 克水，这正好解决了航天员在太空中的饮水问题。要知道，飞船上每增加 1 千克的重量，就要大大增加运载火箭的负担。不难算出，航天员们飞行 1 个月，因少带储备水而减少的飞船质量将以几千千克计!

鼎鼎大名的航天员阿姆斯特朗、奥尔德林、柯林斯喝的水，都是由"阿波罗号"飞船上使用的燃料电池合成的。苏联航天员罗曼年科在"和平号"空间站生活整整 362 天，喝的也是燃料电池在工作中生成的"废水"。

随着制氢技术的发展，氢在将来有可能成为主要的家用能源。那时，有可能像现在输送城市煤气（或天然气）一样，通过管道把氢气送到千家万户。这样，氢燃料电池就会进入家庭。每户家庭都可以用氢做燃料气，使家中的氢燃料电池发电。人们做饭、取暖、开启各种电器，都由燃料电池提供用电。这样清洁方便的氢能系统，将给人们创造舒适的生活。

现在世界上氢的年产量约为 3 600 万吨，其中绝大部分是从石油、煤炭和天然气中制取的，这就得消耗本来就很紧缺的矿物燃料；另有 4% 的氢是用电解水的方法制取的，但消耗的电能太多，很不划算，因此，人们正在积极探索研究新的制氢方法。

随着太阳能研究和利用的发展，人们已开始利用阳光分解水来制取氢气。科学家在水中放入催化剂，在阳光照射下，催化剂便能激发光化学反应，把水分解成氢和氧。例如，二氧化钛和某些含钌的化合物，就是较适用的光水解催化剂。

人们预计，一旦当更有效的催化剂问世时，水中取"火"——制氢就成为可能，到那时，人们只要在汽车、飞机等油箱中装满水，再加入光水解催化剂，那么，在阳光照射下，水便不断地分解出氢，成为发动机的能源。

20 世纪 70 年代，人们用半导体材料钛酸锶做光电极，以金属铂做暗电极，将它们联在一起，然后放入水里，通过阳光的照射，就在铂电极上释放出氢气，而在钛酸锶电极上释放出氧气，这就是我们通常所说的光电解水制取氢气法。

科学家们还发现，一些微生物也能在阳光作用下制取氢。人们利用在光合作用下可以释放氢的微生物。通过氢化酶诱发电子，把水里的氢离子结合起来，生成氢气。

近几年来，液态氢已被广泛地用作人造卫星和宇宙飞船的能源。科学家们预言，氢将是 21 世纪乃至更远时代的燃料。

知识点

燃料电池

　　燃料电池是一种将存在于燃料与氧化剂中的化学能直接转化为电能的发电装置。燃料电池的原理与制作十分复杂，涉及化学热力学、电化学、电催化、材料科学、电力系统及自动控制等学科的有关理论。燃料电池的组成与一般电池相同，其单体电池是由正、负两个电极以及电解质组成的。不同的是一般电池的活性物质贮存在电池内部，因此，限制了电池容量。而燃料电池的正、负极本身不包含活性物质，只是个催化转换元件。因此燃料电池是名副其实的把化学能转化为电能的能量转换机器。电池工作时，燃料和氧化剂由外部供给，进行反应。原则上只要反应物不断输入，反应产物不断排除，燃料电池就能连续地发电。由于燃料电池能将燃料的化学能直接转化为电能，因此，它可以避免中间的能量转换的损失，达到很高的发电效率。

延伸阅读

氢燃料电池车

　　氢燃料电池车就是以氢燃料作为动力的汽车，其工作原理是：将氢气送到燃料电池的阳极板（负极），经过催化剂（铂）的作用，氢原子中的一个电子被分离出来，失去电子的氢离子（质子）穿过质子交换膜，到达燃料电池阴极板（正极），而电子是不能通过质子交换膜的，这个电子，只能经外部电路到达燃料电池阴极板，从而在外电路中产生电流。电子到达阴极板后，与氧原子和氢离子重新结合为水。由于供应给阴极板的氧，可以从空气中获得，因此只要不断地给阳极板供应氢，给阴极板供应空气，并及时把水（蒸汽）带走，就可以不断地提供电能。燃料电池发出的电，经逆变器、控制器等装置，给电动机供电，再经传动系统、驱动桥等带动车轮转动，就可使车辆在路上行驶。

与传统汽车相比，氢燃料电池车能量转化效率高达60%～80%，为内燃机的2～3倍。氢燃料电池车的燃料是氢和氧，生成物是清洁的水，因此，不会对环境造成丝毫的污染。

生物制氢

科学家发现，一些微生物能在光合作用下产生氢。苏联科学家已在湖沼里发现了这种微生物，把它们放在特殊器皿里，使它们获得生存条件，然后将这些微生物产生出来的氢气收集在氢气瓶里。所以，人们正在设法培养能高效产氢的微生物。

让人惊异的是，有好多种细菌也具有制氢的本领。日本生物学家发现，一种叫做"梭状芽孢杆菌"（简称"CB"）的细菌吃淀粉后，经过代谢可以产生氢气，由此发明了一种新的制氢技术。利用"CB"菌吞食以淀粉为原料的食物，如酿造、制药等工厂的废弃物，可以产生出大量的氢来，这样一来，既变废为宝，又清洁了环境，可以说是一举两得。

有的科学家还模仿植物叶绿素的光合作用来得到氢。植物的叶子里含有一种叶绿素，它能吸收阳光把水分解成氢和氧。氧被放出使空气变得清新，而氢同二氧化碳作用生成碳水化合物，这就是植物生长所需要的食品。如果能造出模仿植物光合作用的装置，并设法把光合作用停留在分解水的阶段，就可以利用太阳光和水产生氢气了。

美国、英国等一些国家，已研制出了用叶绿素体制造氢的装置。这种装置在1小时内，用1克叶绿素，可以产生1升氢气。

奥地利科学家麦凯蒂还提出了培养氢能树的设想。这种树有向人类提供纯氢的可能。其方法是，把能产氢的基因或组织植入植物组织，使该植物产生的氢贮存于瘿（瘤状物）内，然后用管子引出。虽然这仅仅是一种设想，但却成为生物学家们很重视的重要课题。

也许，将来可以通过遗传工程，真的培养出新型的、具有很高光合放氢本领的细菌或藻类植物，吸收不收费的太阳光和到处都有的水，为我们奉献出廉价的氢能。

深埋海底的可燃冰

可燃冰的学名为"天然气水合物"，外貌极似冰雪，点火即可燃烧，因此称为"可燃冰"，也被称为"气冰"、"固体瓦斯"。可燃冰是天然气在0℃和30个大气压的作用下结晶而成的"冰块"。"冰块"里甲烷占80%～99%，可直接点燃，燃烧后几乎不产生任何残渣，污染比煤、石油、天然气都要小得多。西方学者称其为"21世纪能源"或"未来能源"。

可 燃 冰

可燃冰从外表上看像冰霜，从微观上看其分子结构就像一个个"笼子"。由若干水分子组成一个笼子，每个笼子里"关"了一个气体分子。

那么，要在什么样的条件下才能形成可燃冰呢？可燃冰的形成有几个基本条件。

第一，温度不能太高，在0℃以上即可生成，0℃～10℃为宜，最高上限是20℃左右，再高就分解了。

第二，压力要够，但也不能太大，0℃时，30个大气压以上它就可能生成。

第三，地底要有气源。在陆地只有西伯利亚的永久冻土层才具备形成以及使之保持稳定的固态的条件，而海洋深层300～500米的沉积物中都可能具备这样的低温高压条件。因此，其分布的陆海比例为1∶100。科学家估计，海底可燃冰分布的范围约4 000万平方千米，占海洋总面积的10%，海底可燃冰的储量够人类使用1 000年。

可燃冰被科学家们称为能源危机的救星，它真有这样巨大的潜力吗？

从能源角度来看，可燃冰可视为被高度压缩的天然气资源，每立方米能分解释放出160～180标准立方米的天然气。

通常情况下，可燃冰在燃烧时不会产生残余物，而且使用方便、清洁卫生，可以减少环境污染，因此科学家们一致认为：可燃冰可能成为人类新的后续能源，帮助人类摆脱日益临近的能源危机。目前，国际间公认全球的可燃冰总能量，是地球上所有煤、石油和天然气总和的2～3倍。

既然可燃冰有望取代煤、石油和天然气，成为未来世界的新能源，那为什么人类还不能大规模开采呢？这是因为，收集海水中的气体十分困难。海底可燃冰属于大面积分布，其分解出来的甲烷很难聚集在某一地区内收集；而且一离开海床便迅速分解，容易发生井喷意外。更重要的是，甲烷的温室效应要比二氧化碳厉害10～20倍。如果处理不当发生意外，分解出来的甲烷气体就会由海水释放到大气层，导致全球温室效应问题更加严重。

此外，海底开采还可能会破坏地壳稳定平衡，造成大陆架边缘动荡而引发海底塌方，甚至导致大规模海啸，带来灾难性后果。如果开采不利的话，这位"救星"可能还会成为地球环境的头号杀手。目前已有证据显示，过去这类气体的大规模自然释放，在某种程度上导致了地球气候急剧变化。8 000年前，在北欧造成浩劫的大海啸，就极有可能是这种气体大量释放所导致的。

现在，随着对可燃冰在未来能源方面所扮演角色重要性的认识加深，科学家一方面加紧对这种新能源的探测，一方面继续研究开采技术，希望能早日把这位能源新成员引入现代生活，为人类造福。

知识点

甲　烷

甲烷是无色、无味、可燃和微毒的气体，是最简单的有机物，也是含碳量最小（含氢量最大）的烃。甲烷在自然界分布很广，是天然气、沼气、油田气的主要成分。它可用作燃料及制造氢气、碳黑、一氧化碳、乙炔、氢氰酸及甲醛等物质的原料。甲烷燃烧时产生明亮的蓝色火焰。

延伸阅读

"长尾鲨号"的遭遇

1963年4月10日，当时美国海军中最先进最复杂的攻击型核潜艇"长尾鲨号"，在水中试验下潜深度。当下潜到240多米时，艇体发出一种尖细的叫声，叫声混杂在各种声音里，并没有引起人们的注意。

战士们都沉醉在兴奋和激动中，因为这个深度是海军以前从未到达的深度，他们正在走前人从没走过的路。到了300多米时，刺耳的尖细叫声更加频繁急促，"砰！"潜艇的辅机舱突然传来巨大的金属爆破声。

巨大的深水压力把海水汽化成浓密的雾弥盖了辅机舱。不久，核反应堆停止工作，潜艇主机停车。艇长采取了一系列应急措施都无济于事，潜艇继续下沉。接着，机舱传来惊天动地的巨响，1 500吨海水冲进受伤的潜艇。艇内通常约每平方厘米10牛顿的空气压力，急剧上升到至少每平方厘米560牛顿，那些没有被水流冲杀的战士，顷刻间被高压空气压死了。巨大的水下压力使"长尾鲨号"核潜艇从此消失了，129名艇员全部丧生。这一水下大悲剧惊动了美国朝野，传遍全球。

在海洋中的动物和微生物遗骸不断沉积在海底，会分解出一种甲烷气体。由于洋底的温度低而水压力非常高，所以，大部分甲烷气体不是逃逸到水面，而是被压力压到沉积岩细微的孔隙内转化为水合物。这些充满水合物结晶体的沉积物，随着时间的推移，被新的沉积物覆盖。这时，水合物开始分解，气泡冲破冰的封锁，沿着弯弯曲曲的缝隙和孔隙向上运动，重又进入上面的水合物形成区……这样，在数百万年的漫长岁月里周而复始，形成了固体化合物——冰矿矿床。这种冰矿矿床实际上就是可燃冰矿床。

从纤维素到电厂燃料

有人估算，地球上的植物通过光合作用制造出来的纤维素可达 1 000 亿吨，其中蕴藏着巨大的化学能。

北方薪炭林

尤其是那些不适合种庄稼、牧草、林木的较差的土地，若改种薪炭林的话，不仅可以提供民用薪炭，而且可以为附近发电厂提供植物性燃料。

在研究和培育高效率转化太阳能的"能源植物"的过程中。美国的一些森林学家发现种植一种杂交白杨效果很好。这种白杨能把大约 0.6% 的阳光转化为化学能，并且这种树还可以密植，每 0.4 平方米就可以种一棵树。它长得快，不怕砍，砍伐后从树桩上又长出新树来，并且可以循环重复多次。

1994 年 12 月，英国政府宣布了大规模开发林木和其他生物质燃料作为可再生能源的各项措施，建议人们栽种单一品种的速生柳或速生杨，这些植物可用机器收割，供发电厂做燃料用。

英国的一家发电厂还采用了一种先进的发电方法。电厂的工人先将碎木转化为一氧化碳、氢气和甲烷混合物，然后再用催化方法把大分子碳氢化合物分解成为可燃化合物，送入燃气轮机燃烧，产生的热量则用来推动蒸汽轮机。这种方法比直接燃烧推动蒸汽轮机的做法可多发近一倍的电力。

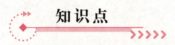

知识点

纤　维　素

纤维素是由葡萄糖组成的大分子多糖，是植物细胞壁的主要成分，是自然界中分布最广、含量最多的一种多糖，不溶于水及一般有机溶剂。一般木材中，纤维素占40%～50%，棉花的纤维素含量接近100%，是天然的最纯纤维素来源。麻、麦秆、稻草、甘蔗渣等，也都是纤维素的丰富来源。纤维素还是重要的造纸原料。此外，以纤维素为原料的产品也广泛用于塑料、炸药、电工及科研器材等方面。食物中的纤维素（即膳食纤维）对人体的健康有着重要的作用。

延伸阅读

膳食中的纤维素

人类膳食中的纤维素被称为第七种营养素，包括粗纤维、半粗纤维和木质素，主要含于蔬菜和粗加工的谷类中，虽然这些纤维素不能被消化吸收，但有促进肠道蠕动、于粪便排出等功能。另外，膳食纤维可提高胰岛素受体的敏感性，提高胰岛素的利用率；能包裹食物的糖分，使其逐渐被吸收，有平衡餐后血糖的作用，从而达到调节糖尿病患者的血糖水平、治疗糖尿病的作用；可与胆酸结合，而使胆酸迅速排出体外，同时膳食纤维与胆酸结合的结果，会促使胆固醇向胆酸转化，从而降低了胆固醇水平；能够吸附离子，与肠道中的钠离子、钾离子进行交换，从而降低血液中的钠钾比值，起到降血压的作用；能束缚胆酸等物质并将其排出体外，防止这些致癌物质的产生。

生物质能
SHENGWU ZHINENG

生物质能是绿色植物通过叶绿素将太阳能转化为化学能存储在生物质内部的能量，是太阳能以化学能形式存储在生物质中的能量。

生物质能可转化为常规的固态、液态和气态燃料，包括树木、青草、农作物、藻类、兽类及各种有机废物。由于生物质能间接来源于太阳，只要有太阳存在，绿色能源就会不断产生能量，因此生物质能可以说是取之不尽、用之不竭的。

沼气变废为宝

沼气是一种可燃气体，由于这种气体最早是在沼泽、地塘中发现的，所以人们称它"沼气"。我们通常所说的沼气，并不是天然产生的，而是人工制取的，所以它属于二次能源。尽管早在1857年，德国化学家凯库勒就已查明了沼气的化学成分，但这个"出身低微"的气体能源，始终没有引起人们的重视。直到最近几十年，随着对能源的需求不断增长，它才逐渐受到人们的注意，并开始崭露头角。由于作为能源的沼气，至今尚未得到广泛的应用，所以它还属于现代新能源的成员。

沼气的主要成分是甲烷（CH_4）气体。通常，沼气中含有60%～70%的甲烷，30%～35%的二氧化碳，以及少量的氢气、氮气、硫化氢、一氧化碳、水蒸气和少量高级的碳氢化合物。近年来，在沼气中还发现有少量剧毒的磷化氢气体，这可能是沼气会使人中毒的原因之一。

甲烷气体的热值较高，因而沼气的热值也较高，所以说沼气是一种优质的人工气体燃料。甲烷在常温下是一种无色、无味、无毒的气体，它比空气要轻。由于甲烷在水中的溶解度很低，因而可用水封的容器来储存它。

甲烷在燃烧时产生淡蓝色的火焰，并放出大量的热。甲烷气体虽然无味，但由于沼气中掺杂有硫化氢气体，所以沼气常常带有一种臭蒜味或臭鸡蛋味。

生产沼气的原料丰富，来源广泛。人畜粪便、动植物遗体、工农业有机物废渣和废液等，在一定温度、湿度、酸度和缺氧的条件下，经厌氧性微生物的发酵作用，就能产生出沼气。

禽畜粪便加农作物下脚料的沼气发电供热工程

沼气发电供热示意图

沼气是一种可以不断再生、就地生产、就地消费、干净卫生、使用方便的新能源。它可以代替供应紧张的汽油、柴油，开动内燃机发电，驱动农机具加工农副产品，也可以用来煮饭照明。

从现今情况看来，使用沼气具有以下的优点：

（1）使用沼气，能大量节省秸秆、干草等有机物，以便用来生产牲畜饲料和作为造纸原料及手工业原材料。

（2）沼气不仅能解决农村能源问题，而且能增加有机肥料资源，提高质量和增加肥效，从而提高农作物产量，改良土壤。

（3）兴办沼气可以减少乱砍树木和乱铲草皮的现象，保护植被，使农业生产系统逐步向良性循环发展。

（4）兴办沼气有利于净化环境和减少疾病的发生。这是因为在沼气池发酵处理过程中，人畜粪便中的病菌大量死亡，使环境卫生条件得到改善。

沼气可以用人工制取。制取的方法是，将有机物质如人畜粪便、动植物遗体等投入到沼气发酵池中，经过多种微生物的作用即可得到沼气。

那么，沼气中为什么有能量存在呢？这是因为自然界的植物不断地吸收太阳辐射的能量，并利用叶绿素将二氧化碳和水经光合作用合成有机物质，从而把太阳能储备起来。人和动物在吃了植物之后，约有一半左右的能量又随粪便排出体外。因此，人畜粪便或动植物遗体的生物能量经发酵后就可转换成可以燃烧的沼气。

人工制取沼气的关键，是创造一个适合于沼气细菌进行正常生命活动所需要的基本条件。因此，沼气的发酵必须在专门的沼气池进行。为了生产更多的沼气，就必须对发酵进行有效的控制。为此，在制取沼气的过程中，应注意以下两方面的问题：

一是严格密闭沼气池。沼气发酵中起主要作用的微生物是厌氧菌，只要有微量的氧气或氧化剂存在，就会阻碍发酵作用的正常进行。因此，密闭沼气池，杜绝氧气进入，是保证人工制取沼气成功的先决条件。

二是选用合适的原料。一般来说，所有的有机物质，包括人

沼 气 池

畜粪便、作物秸秆、青草、含有机物质的垃圾、工业废水和污泥等都可作为制取沼气的原料。然而，不同的原料所产生的沼气量也不同，所以，应根据需要选用合适的原料。

实践经验表明，作物秸秆、干草等原料，产生的沼气虽然缓慢，但较持久；人畜粪便、青草等原料产气快但不持久；通常，是将两者合理搭配，以达到产气快而持久的目的。

沼气对于目前我国广大农村来说，是一种比较理想的家庭燃料。它可以用来煮饭、照明，既方便，又干净，还可节约大量柴草生产饲料。使用沼气时，需要配备一定的用具，如炉具、灯具、水柱压力计、开关等。它们的作用在于使沼气与空气以适当的比例混合，并使之得到充分的燃烧。

沼气还可以用作农村机械的动力能源。在作为动力能源使用时，它既可直接用作煤气机的燃料，又可用作以汽油机或柴油机改装而成的沼气机的燃料，用这些动力机械可完成碾米、磨面、抽水、发电等工作。有的地区还用沼气开动汽车和拖拉机，使它的应用不断扩大。

知识点

二次能源

二次能源是相对于一次能源而言的，是指由一次能源经过加工转换以后得到的能源，例如：电力、汽油、柴油、沼气、氢气和焦炭等等。在生产过程中排出的余能，如高温烟气、高温物料热、排放的可燃气和有压流体等，也均属二次能源。二次能源又可以分为"过程性能源"和"含能体能源"，电能就是应用最广的过程性能源，而汽油和柴油是目前应用最广的含能体能源。在一次能源与二次能源转换之间，必然有一定的损耗，这是不可避免的。

延伸阅读

"马粪风波"

1884年春天，法国巴黎发生了一场轰动一时的"马粪风波"。

事情还得从巴黎马路上的街灯说起。那时，还没有明亮的荧光灯，更没有五彩缤纷的霓虹灯，巴黎街头点的是光线暗淡的煤气灯。法国科学院有一位在化学和微生物学上都享有盛名的路易斯·巴斯德教授，他别出心裁地提出了一个设想：用马粪发酵后产生的气体，来替代煤气做街灯的燃料。消息传出，风波顿起。一些顽固守旧的人声嘶力竭地表示反对，就连当时法国最有权威的《费加罗报》也马上发表评论，以刻薄的语言讽刺这位化学界的天才。接着，更有一些名人在巴黎各报纷纷撰文，有的谴责这位教授冒天下之大不韪，竟敢把又臭又脏的动物粪便去和素以豪华富丽而闻名世界的爱丽舍大街的街灯相提并论；有的则认为巴斯德的想法本身就是对法国和巴黎人民的侮辱。甚至还有人寄信给巴斯德，威胁他立即改正这个"错误"，否则将对他采取行动。

在沉重的舆论压力下，巴斯德不得不暂时停止了该项实验。但他的一些学生仍在悄悄地努力，事情并没有结束……

时间过去了12年，1896年夏天的一个傍晚，在英国埃克斯特市，市民们扶老携幼地赶到一条小街上去看热闹。摆在人们面前的是一个大粪坑，上面用木板密实封住，木板中间引出一根管子，接在原来的煤气管道上。晚上7时30分，奇迹发生了，这种从粪坑里引出来的气体，把街灯点燃了，而且灯的亮度绝不比用煤气差。顿时，人们掌声雷动，巴斯德的设想成了现实，一切谣言均不攻自破。

这种可以代替煤气点燃街灯的气体就是沼气，一种首先在沼泽地里发现的气体。有人收集了沼泽地冒出的一个个气泡，并发现了这是一种可燃的气体，于是"沼气"的名字便被叫开了。

沼气的产生实质上是微生物作用的结果。沼气中的主要成分是甲烷，其次是二氧化碳，还有一些其他气体。甲烷热值比较高，燃烧1立方米沼气可产生

39.15兆焦的热量。沼气中的甲烷含量超过50%时就可以燃烧。甲烷在完全燃烧时，发出蓝色的火焰，并放出大量的热。

巴斯德教授是在看到他的学生们研究粪便肥效时收集的沼气以后，才以科学家特有的敏感，提出沼气是一种可供利用的能源，并付诸实验的。

藻类 + 二氧化碳 = 石油

在寻找新能源的探索中，美国戈尔登科罗拉多太阳能研究所的研究人员在1988年发现，一些藻类植物含有丰富的石油成分，这个发现极大地鼓舞了人们。于是他们用一个直径20米的池塘培植海藻，一年之中收获的海藻达4吨，从中提炼出了300多升燃油。

1989年，日本一家公司在美国研究成果的启发下，提出了利用绿藻将二氧化碳转变为石油的设想。他们发现一种单细胞绿藻植物，能吸收大量二氧化碳生成石油，在日本冲绳一带生长茂盛，因为这里的气候条件特别适合这种绿藻生长。于是，1989年10月，该公司开始了利用藻类的光合作用将二氧化碳生成石油的实验研究，工作人员将燃料燃烧后排放的二氧化碳收集后泵送到养殖这种单细胞藻类的水池中。藻类便迅速地生长起来。据统计，日本使用石油产品每年排放的二氧化碳量大约有5亿吨，如果让单细胞绿藻全部吸收的话，那么就能生成大约2 000亿升石油，这些石油几乎相当于日本全年的原油进口量。

进入20世纪90年代后，利用海藻和二氧化碳生产石油的研究又有了新的进展。英国的科学家把注意力放在一种普通的小球藻上，他们将一种特制的装置放在池塘中，把小球藻打捞过滤后，然后不用提炼，直接将小球藻置于发动机中燃烧发电。燃烧时排出的二氧化碳废气被泵回到小球藻养殖池内，促进小球藻生长。实验证明往池塘中吹进二氧化碳气泡，可使藻类数量一天内增加4倍，这样的生长速度是赤道热带雨林的好几倍。

1993年，美国国家可更新能源实验室的研究人员，采用遗传工程改进了一种单细胞硅藻的脂类物质积累，提高了脂质生产的水平。在实验室中，研究者们已使硅藻细胞的脂质含量从自然状态的5%～20%，增加到60%以上，在户外培养时也超过 40%。这无疑将大大促进藻类和二氧化碳生成石油的进展。

微藻被称为世界上最富有生产力、最能产油的"黑马"。按单位生长面积来计算，微藻能比陆生植物多生产 30 倍的油。据估计，微藻每年每公顷（合 10 000 平方米）可生产 23 700 ~ 63 200 升的油。

微藻生产的"生物柴油"由于成本低，可取代陆地植物生产的油。还有，微藻能够生长来自蓄水层或海洋的咸水中。这样的水既不能用于农业或林业灌溉，也不能作为饮用水。

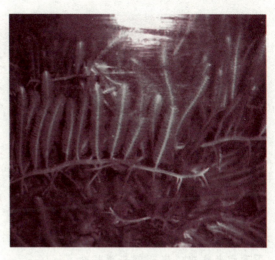

微　藻

大自然中天然存在的石油是由古代动植物遗体经过几百万年的漫长岁月逐渐演变而成的。藻类植物经过某些微生物处理后，只要几个星期就能摇身一变，变成石油。这是一个了不起的发明。据估计，一个面积为 3 000 平方米的池塘中的藻类，每年可以生产 100 万桶石油（1 桶石油合 159 升），可供 10 000 辆汽车行驶 15 000 千米。另外，还有人独辟蹊径，试验用蓝藻发电，用微型藻类产生氢气，在实验规模上也已获得成功。

知识点

生物柴油

生物柴油是指以油料作物、野生油料植物和工程微藻等水生植物油脂以及动物油脂为原料油通过酯交换工艺制成的可代替石化柴油的再生性柴油燃料，属于生物质能的一种。生物柴油是含氧量极高的复杂有机成分的混合物，这些混合物主要是一些分子量大的有机物，几乎包括所有种类的含氧有机物，如：醚、酯、醛、酮、酚、有机酸、醇等。

延伸阅读

巨藻制取气体燃料

早在 17 世纪，欧洲便利用巨藻为航海引道，因为藻体的出现，便预示着下面潜藏浅礁，表明舰船离陆地不远了。

巨藻曾经是为美国太平洋沿岸人们提供食盐、食物、药品等生活必需品的取之不尽的资源。

第一次世界大战期间，德国对美国实行钾盐出口禁运，迫使美国加利福尼亚州开始大规模地收获和加工巨藻，并奇迹般地从中发现了制造火药和肥料的重要原料氯化钾。在整个大战期间，该州共收获 50 万吨巨藻，为战争胜利作出了重要贡献。自从科学家在巨藻体中发现了一种称为藻朊的胶液之后，巨藻身价倍增。因为藻朊既可以用来制造黏合剂、稳定剂、乳化剂、饲料，还可用来生产补牙材料、肥皂、化妆品和多种医药品。

巨藻还是一种营养丰富的经济藻类，它含 9.2% 的蛋白质和维生素 A、B、B_{12}、C 等多种营养成分。每 100 克含热量 62.4 千焦，因此是一种较理想的动物饲料。

更为神奇的是，巨藻还可制取气体燃料，其制取的过程也并不复杂：只要先将巨藻切碎，放到一个特制的大罐子中，然后加入微生物，在一定温度、压力下发酵，几天后就能产出类似于天然气的可燃性气体。根据实验，每 1 000 吨巨藻可制取 4 万立方米气体燃料。

巨藻一年之中可以收获两次，产巨藻处，在冬季，每平方米海面可收获 5～8 千克藻体；在夏季，每平方米海面收获藻体更可高达 34～35 千克。墨西哥被称作"巨藻之国"，那里的巨藻资源十分丰富，每年生产巨藻 2 万余吨，最高的可达 29 000 吨，是潜在的生物质能大国。

"石油植物"和"植物石油"

有些植物能"冒油",它们所蕴含的能量引起了科学家的极大兴趣。这种从植物体里产生的"石油",实际上是一种低分子的碳氢化合物,它的分子量在 1 000 ~ 5 000 之间,与矿物石油性质相似。科学家们把这些能产生低分子量碳氢化合物的植物美誉为"石油植物"。

巴西有一种香胶树,富含油液,半年之内,每一棵树可分泌出 20 ~ 30 千克胶液,它的化学成分同石油相似,不必经过任何提炼,即可作柴油使用,将它注入柴油发动机的汽车油箱,车子就可以轰鸣奔驰了。

在我国海南省以及越南、泰国、马来西亚、菲律宾的热带森林里,生长着一种油楠树,一般高 10 ~ 20 米,胸径 30 ~ 60 厘米。油楠树浑身饱含油液,只要在树干上钻一直径为 5 厘米的孔,2 ~ 3 小时就能流淌出 5 升浅黄色的油液。这种油液不需加工便可注入柴油机内做燃料,当地居民则习惯用它替代煤油点灯照明。

此外,美国一些农场种着一种杂草,人称金花鼠草,其茎、叶充满白色乳片,乳汁中 2/3 是水,1/3 是烃。用这种草可以炼出真正的石油,10 平方米野生金花鼠草可提炼出 1 千克石油,人工栽培的杂交金花鼠草,10 平方米可出油 6.5 千克。

油 楠 树

著名的美国化学家诺贝尔奖获得者卡尔文教授,在 20 世纪 80 年代找到一些植物,它们所含的乳汁和石油的成分相同,将它们的乳汁加工成植物汽油后,可以使汽车启动、飞驰。从此,人们在开发植物能源的道路上迈出了重要的一步。

以后，卡尔文教授进行了大规模的种植试验，选育出3个石油"明星"。一个是牛奶树，也叫绿玉树，是一种小灌木，树干里饱含乳汁，剖破树皮，乳汁就会汩汩流出。另一个叫续随子，高1米，抗寒耐旱，一年一收，在美国、日本都有栽种。第三个叫三角大戟，是身高0.3米的灌

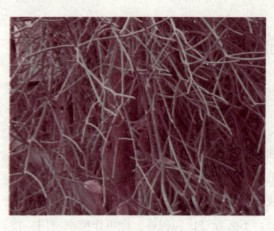

绿 玉 树

木，极其抗旱，树皮柔软，用刀轻轻一划，乳汁就会流出。卡尔文在其位于加利福尼亚州的实验场里，每英亩（合4 050平方米）地可收50吨植物石油，经适当加工，能生产碳氢化合物1～5吨，每桶植物石油生产出来约花费20美元，这些植物石油可与真正的石油竞争。

卡尔文还认为，有些"石油树"抗逆性很强，不怕狂风暴雨，不畏酷热干旱，可栽种于荒地和沙漠，这又为开发利用这些石油植物开拓了新的发展方向。

另外，在20世纪80年代初，美国的科学家栽种了大片美洲香槐，这种植物的白色树汁及其余一些部位都含有油质。为了获取植物石油，可以把整株美洲香槐研碎，然后用一种有机溶剂提纯。在澳大利亚还发现了阔叶棉木，其枝叶都可提炼油类，据称是目前世界上产油率最高的植物。

巴西科学家卡罗斯继卡尔文之后，也获得重大发现。他对热带森林中700多

续 随 子

种植物进行研究，发现有几种含有大量烃。一些藤本植物中的黏稠汁液，不仅能提取柴油、汽油，还可以提取高级航空燃料油。日本东京大学的两位专家，20世纪90年代初在冲绳岛沿海找到一种高大的乔木——青珊瑚树，这种树的汁液中也含有大量的烃类化合物。

原产于北美西部干旱地区的西蒙得木，又称霍霍巴，是一种能在沙漠恶劣环境下生活的常绿灌木植物，它的果实含有50% ~ 60%油性乳汁（不饱和液体石蜡），现在这种植物已经在美国和墨西哥开始了大规模栽培。

此外，银胶菊、西谷椰子树等都具有较高的燃料油开发价值。

美 洲 香 槐

知识点

有机溶剂

有机溶剂是一大类在生活和生产中广泛应用的能溶解一些不溶于水的物质（如油脂、树脂、橡胶、染料等）的有机化合物，常温下呈液态，具有较大的挥发性。有机溶剂包括多类物质，如醇、醛、胺、酯、醚、酮、芳香烃、氢化烃、萜烯烃、卤代烃、杂环化物、含氮化合物及含硫化合物等。多数有机溶剂对人体有一定毒性。它常存在于涂料、黏合剂、漆料和清洁剂中。

延伸阅读

我国的"石油植物"——光皮树

在我国湖南、湖北、江西、贵州等省，生长着一种树干直溜溜的，树皮特别光滑的树，当地人管这种树叫光皮树。这种树不仅喜欢肥润的土壤，也能在不容易生长树木的山坡上、石缝中长得很茂盛，而且这种树长得特别快，6年就能结出果来。果实很小，为蓝色。这种树的果肉、果核都能榨出油来，榨出来的油可以加工成柴油。在进行过相关的栽培试验后，光皮树有可能在黄河以南和珠江以北地区大面积栽培。

生物质能利用的广阔前景

地球上一切生命归根结底都是从阳光获取能量，正是植物最先把太阳能转化成各种各样的有机物质。从一定角度看，动物、植物甚至我们人都是太阳能的仓库。

你看，植物的叶子总是在那里捕捉阳光。因为它利用阳光的能量，通过光合作用来创造自己的食物——碳水化合物，靠着这些食物发育成长。这样一来，可就把太阳能储存在它的身体里了。

植物是动物的一种食物，也可以供人食用。人和动物吃进植物后，把植物吸收的太阳能变成了自己身体里的能量。也可以说，是把太阳能储存在身体里了。

植物长大后，被人当柴烧的时候，燃烧放出的能量，正是当初它储存起来的太阳能。

如此说来，树、草、各种农作物、陆地和海洋的动物和植物，还有我们人，身体里都储存有太阳提供的能量。也可以说，都是太阳能的仓库。只要有太阳存在，绿色能源就会不断产生，所以说，生物质能是一种永不枯竭的能源。

科学家估算，绿色植物一年中储存的太阳能，是全世界一年中消耗的总能量的 10 倍！

虽然全世界每年通过光合作用产生了大约 1 550 亿吨的有机物，但这只不过占到能够加以利用的全部太阳能的不到 1%。于是一位叫做克林顿·坎普的美国科学家提出了一个大规模种植 BTU 灌木（BTU 是英制能量单位）以制造"能源林"的设想。

研究表明，只要在那些无法种植庄稼的贫瘠土地上植造大量的能源林，便可以大大缓解人类面临的越来越严重的能源危机。

美国海军曾在加利福尼亚州圣克利门蒂岛附近海面上进行过一项实验，在那里种植世界上生长最快的一种植物——速生海草，以收集太阳能。潜水员把这种海草拴在水面以下约 15 米的特制筏排上，在那里，这种海草每天生长约 30 厘米。它能把大约 2% 的太阳能转变为化合物贮存起来，把这种海草用化学的或细菌的方法加以处理，不仅能得到有用的蛋白质，而且能得到可以作为燃料的甲烷和乙醛。这为生物质能的利用提供了一个很好的方向和实验基础。

根据我国经济社会发展需要和生物质能利用技术状况，重点发展生物质发电、沼气、生物质固体成型燃料和生物液体燃料。预计到 2020 年，生物质发电总装机容量达到 3 000 万千瓦，生物质固体成型燃料年利用量达到 5 000 万吨，沼气年利用量达到 440 亿立方米，生物燃料乙醇年利用量达到 1 000 万吨，生物柴油年利用量达到 200 万吨。

（1）生物质发电

生物质发电包括农林生物质发电、垃圾发电和沼气发电，建设重点为：

①在粮食主产区建设以秸秆为燃料的生物质发电厂，或将已有燃煤小火电机组改造为燃用秸秆的生物质发电机组。在大中型农产品加工企业、部分林区和灌木集中分布区、木材加工厂，建设以稻壳、灌木林和木材加工剩余物为原料的生物质发电厂。

②在规模化畜禽养殖场、工业有机废水处理和城市污水处理厂建设沼气工程，合理配套安装沼气发电设施。

③在经济较发达、土地资源稀缺地区建设垃圾焚烧发电厂，重点地区为直辖市、省级城市、沿海城市、旅游风景名胜城市、主要江河和湖泊附近城市。

积极推广垃圾卫生填埋技术，在大中型垃圾填埋场建设沼气回收和发电装置。

（2）开发利用生物质固体成型燃料

生物质固体成型燃料是指通过专门设备将生物质压缩成型的燃料，储存、运输、使用方便，清洁环保，燃烧效率高，既可作为农村居民的炊事和取暖燃料，也可作为城市分散供热的燃料。

生物质固体成型燃料的生产包括两种方式：①分散方式，在广大农村地区采用分散的小型化加工方式，就近利用农作物秸秆，主要用于解决农民自身用能需要，剩余量作为商品燃料出售；②集中方式，在有条件的地区，建设大型生物质固体成型燃料加工厂，实行规模化生产，为大工业用户或城乡居民提供生物质商品燃料。

（3）开发利用生物质燃气

生物质燃气充分利用沼气和农林废弃物汽化技术提高农村地区生活用能的燃气比例，并把生物质汽化技术作为解决农村废弃物和工业有机废弃物环境治理的重要措施。

在农村地区主要推广户用沼气，特别是与农业生产结合的沼气技术；在中小城镇发展以大型畜禽养殖场沼气工程和工业废水沼气工程为气源的集中供气。

知识点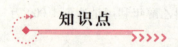

碳水化合物

碳水化合物是由碳、氢和氧3种元素组成的有机化合物，由于它所含的氢氧的比例为2∶1，和水一样，因此称之为碳水化合物。碳水化合物是为人体提供热能的3种主要的营养素中最廉价的营养素，在自然界存在最多、分布最广。葡萄糖、蔗糖、淀粉和纤维素等都属于碳水化合物。食物中的碳水化合物分成两类：一类是人可以吸收利用的有效碳水化合物，如单糖、双糖、多糖；另一类是人不能消化的无效碳水化合物，如纤维素。碳水化合物不仅是营养物质，而且有些碳水化合物还具有特殊的生理活性。例如：肝脏中的肝素具有抗凝血作用。此外，核酸的组成成分核糖和脱氧核糖也是碳水化合物。

延伸阅读

垃圾发电

垃圾问题也是令现代人头痛的病源之一。

不可否认，在我们的日常生活中，有一件几乎天天要做的事情，就是清除垃圾。纸屑、果皮、烂菜叶及各种废旧脏物，都要清除掉。这就出现了大堆大堆的垃圾。

人们曾采用各种方法想消灭这些垃圾。比如，将垃圾埋到地下或是烧掉。但问题并没有得到彻底解决，随之而来的是大量土地被垃圾所占；焚烧垃圾所造成的空气污染也一再警醒人们焚烧并不是一个好的处理办法。峰回路转，正当人们被垃圾问题挠头的时候，随着科学技术的发展，人们发现垃圾并不是"有百害而无一利"的废物，而且还是一种重要的能源呢！变废为宝的时机摆在了人们面前。

在美国，建有160座具有先进技术的垃圾能源工厂。世界上最大的垃圾发电站，是美国纽约斯塔藤垃圾发电站。在这里，垃圾不是直接燃烧，而是先把垃圾制成沼气，再将沼气沿管道输入锅炉，燃烧发出的热量使水变成蒸汽，推动汽轮机发出电来。

在法国，40%的城市用垃圾供热发电，现今，全球已建有各类垃圾能源工厂1 000多座。已有几十个国家（地区）全心探索，竞相开发垃圾发电。我国也已参加到这光荣的行列中，积极行动起来。

我国已有多个城市陷入垃圾包围之中，解决垃圾问题刻不容缓。

我国国家建设部早在1991年就提出："有条件的地方垃圾处理应逐步走焚烧化道路"。现在全国已建有或正在兴建一批垃圾发电工厂（装置）。深圳市政环卫综合处理厂是我国第一家以生活垃圾为直接燃料、发电能力为 3 000 千瓦的垃圾能源工厂。我国的垃圾发电已与国际"接轨",引进国际先进技术。在政府的统一组织领导下,全国各地将不断建造各类垃圾能源工厂。我国垃圾发电的前景充满希望。

　　垃圾本来是使人生厌的废物,而现代科学技术却能魔术般地变废为宝,使它成为一种新能源,这真是人类的一个了不起的伟大创举。

风 能
FENGNENG

风能是地球表面大量空气流动所产生的能量。风能也来源于太阳能，是太阳能的一种转化。正由于此，风能也是取之不尽用之不竭的。在到达地球的太阳辐射能中，约有20%被地球大气层所吸收，其中只有很小的一部分被转化为风能，但就是这很小的一部分转化能，也相当于1万多亿吨标准煤所储藏的能量，由此可见，风能的潜力有多大。现在，人类对风能的利用还处于刚刚开始的阶段，利用率很低，大规模利用风能的日子还在以后。

风是一种巨大能量源

实际上，风能也来自太阳能，是太阳能的一种特殊表现形式。

风起源于太阳对地球表面各处的不均匀的加热。阳光照在大地上，大地受热是不均匀的。有些地方的空气热得快些，会膨胀上升，有些地方的空气热得慢些，较冷的空气就会顺着地面流过来补充，这种流动就形成了风。

人们为了区分风的大小，把风力分为13级，最小的风是零级，最大的是12级。12级以上统称为飓风。风力大小的标准是按风的速度计算的。风速越大，风力也越大。由于风和人类的生活有着密切的关系，所以在天气预报

海边狂风

中，风力的大小和方向是每天必报的。

每当我们收听到台风预报信息时，就很自然地联想起由它带来的狂风暴雨、巨浪、潮涌等恐怖情景。台风是发生在太平洋西部海洋和南海海上的一种极强烈的风暴，风力常达 10 级以上。有人统计过，在全世界范围内，一次台风使 5 000 人以上死亡的事例至少有 20 次，其中死亡 10 万人以上的就有 10 次之多。

还有看起来更为恐怖的龙卷风，1988 年它被正式定名为龙卷。在科学尚不发达的古代，人们见到这种漏斗云从云底下垂，时伸时缩，有时伸到地面，毁坏树木和建筑物，认为这是龙尾下扫，证明天上确有活龙存在。现在我们知道龙卷是一种中心气压极低的涡旋，直径只有几米至几十米，可是风速往往大到每秒 100 多米，有时甚至比声音的传播速度还快，从发生到消失只有几分钟，但它的破坏作用有时比地震还大。它能将上万吨的整节火车厢卷入空中，将上千吨的轮船由海面抛到岸上。1967 年我国上海出现一次强龙卷，有 22 座高压电线铁塔被拔起，或是被扭折。

但我们也要看到，风固然给人类带来了巨大的生命财产损失，但同时我们换个角度来看，这不也说明了风蕴含着巨大的能量，如若这种巨大的能量被人类合理有效利用，那也必将给人类带来莫大的好处。

风能是永不枯竭的，而且地球上风能大大地超过水能，

龙　卷　风

也大于固体燃料和液体燃料能量的总和。最为有利的是，风能利用简单，尤其在缺乏水力资源、燃料和交通不便的沿海岛屿、山区和高原地带，具有很高的风速，风能利用有着很好的前景。

总体上看，风能的利用方式大体上可分两种：一种是将风能直接转变为机械能应用；另一种就是将风能先转变成机械能，然后带动发电机发出电能加以使用，这就是风力发电。

人类对于风能的利用是比较早的。早在公元前一两千年，我国就已开始使用风车，利用风力提水、灌溉、磨面、舂米，用风帆推动船舶前进。宋代是我国应用风车的全盛时代，当时流行的垂直轴风车，一直沿用至今。在国外，公元前2世纪，古波斯人就利用垂直轴风车碾米。10世纪伊斯兰人用风车提水，11世纪风车在中东已获得广泛的应用。13世纪风车传至欧洲，14世纪已成为欧洲不可缺少的原动机。在荷兰，风车先用于莱茵河三角洲湖地和低湿地的汲水，以后又用于榨油和锯木。只是由于蒸汽机的出现，

欧洲风车

才使欧洲风车数目急剧下降。19世纪末，人们开始研究风力发电，利用风力来发电，是现代利用风能最广泛、最普遍的形式。1891年丹麦建造了世界上第一座试验性的风能发电站；到了20世纪初，一些欧洲国家如荷兰、法国等，纷纷开展风能发电的研究。

通常，人们按容量大小将风力发电站分为大、中、小3种。容量在10千瓦以下的为小型，10～100千瓦的为中型，100千瓦以上的为大型。中小型风力发电站主要用于充电、照明、卫星地面站电源、灯塔和作为导航设备的电源，以及为边远地区人口稀少而民用电力达不到的地方提供电能。大型风力发电站可用来为电网供电。

现代的风力发电机

　　我国幅员辽阔，海岸线长，风能资源十分丰富。据计算，全国风能资源总储量约每年 16 亿千瓦。

　　我国对风能的利用发展迅速。现在，在我国的风能利用中，许许多多小巧玲珑的微型风力发电机（1 千瓦以下），为捕捉风能建立了大功勋。

　　微型风力发电机结构简单，风轮多是两个叶片，安装在风力机的水平轴上，迎风转动带动发电机发出电来。万一风速过大可能损坏风力机时，制动装置可以使风轮立即停下来。当风力发电机发出的电用不完时，还可以通过蓄电池贮存起来，需要时再用。

　　如果一家或几家安装一台或一组这种微型风力发电机是非常方便的。运送、安装、维修都不很麻烦，花钱也不多，而且既干净又安全。

　　约有 14 万台微型发电机组在我国内蒙古、新疆、青海等牧区和沿海没有电网的岛屿运转着，使那里的牧民、渔民点上了电灯，看上了电视。

　　在辽阔的内蒙古大草原上，蒙

小型风力发电机

族小朋友也能坐在蒙古包里，边喝着奶茶，边听广播、看电视，或在明亮的电灯光下看书、做功课。微型风力发电机成了他们忠实的朋友。

我国每年生产3万多台1千瓦以下的微型风力发电机，产量居世界之首，还向许多国家出口，受到那里居民的欢迎。

在发展小巧玲珑的微型风力机的基础上，我国又开始向中型风力机发展，并对大型风力机的制造进行研究和实验。现在，在新疆、内蒙古、广东等地已建成现代化大型风电厂。

除了传统的风力机外，各国科学家还在加紧研究各种新型风能转换装置，探索怎样通过较小的风轮扫掠面积收集较多风能，提高发电效率，随着这些新设备的不断问世，风力发电利用率必将不断得到提升。

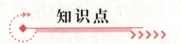

知识点

涡 旋

涡旋有时也称旋涡，是指一种半径很小的圆柱在静止流体中旋转引起周围流体做圆周运动的流动现象。一般旋涡内部有一涡量的密集区，称涡核。在它的外部，流体的圆周速度与半径成反比；在它内部，流体的圆周速度与半径则成正比，在涡心上圆周速度为零。一般来说，大气形成的涡旋有可能形成热带气旋或者龙卷风。

延伸阅读

人造龙卷风发电

人们注意到，当龙卷风漏斗状旋涡直径达200米时，旋转气流的功率可达3万兆瓦。因此一些科学家设想是否能用人造龙卷风发电。于是，有科学家研制了龙卷风模型。他们在一个塔型建筑的四周用条板间隔成方格形小窗，朝风的小窗洞开，背风的小窗则关闭，风吹进塔后开始旋转，形成小龙卷风。在塔底装有螺旋形的风转叶轮。当人造小龙卷风将下方空气吸入塔内时，叶轮转动，推动发电机发电。

还有科学家研究用太阳能制造龙卷风发电：建造一座面积很大的透明圆形大棚，棚顶是塑料膜，从棚的四周向中心逐渐升高，与中心烟筒状塔相连。当棚内空气被太阳加热后，流向筒状高塔。气流迅速带动塔中叶轮而发电，每小时发电功率可达 70 万至 100 万千瓦。

在许多新设计中，旋风型风力涡轮是很有前途的。在这种设计中，风吹入直立的圆筒，在它的内部旋转，形成旋涡，旋涡中心呈真空状态，从而迫使大量高速运动的风不断地吹过转子叶片，使叶片快速转动而发出电来。

在海洋上空，由于太阳的照射，热空气上升，冷空气下沉，形成上下流动的风。科学家设计了一种巨大的筒状物并让它飘浮在海洋上空。然后用人工方式引导气流在筒内上升下降，从而驱动涡轮机进行风力发电。这些，都是利用人造龙卷风发电的新思路。

"重新起航" 的帆船

大约在 5 000 多年前，古埃及人在独木舟上竖起桅杆，扬起用棕叶或芦苇编成的帆，让风来助航。人们觉得借帆行船比使桨要容易得多，也快得多。

以后，人们造出了既带帆又带长桨的船。无风的时候，水手们就划桨。当风向同航向一致时就张开帆。后来，水手们又学会了调整帆的方向，使船借助风力向他们希望的方向行驶。

船在海上航行，仅靠橹、桨是不能远航的。我国很早就能建造大型远洋的帆船。在 1600 年

古代帆船

前，中国著名僧人法显到印度、锡兰等地留学讲道，所乘的帆船能载 200 多人和许多货物。

公元 1405～1433 年间，我国明朝的皇帝曾派遣太监郑和 7 次下西洋。所乘的宝船，就是当时我国建造的在世界上技术领先的大型远洋帆船。最大的宝船长近 150 米，宽约 60 米，可载千人。船上安装在高高桅杆上的巨帆多达 12 张，以便更多地利用风力。郑和下西洋航程数万里，最远到达非洲东部的索马里和肯尼亚，经过 30 多个国家，促进

郑和下西洋船队

了与这些国家的友好往来，是我国和世界航海史上的伟大壮举。

意大利航海家哥伦布曾经驾驶帆船横渡大西洋，于公元 1492 年，发现了美洲新大陆；1497 年，伽马率领葡萄牙船队绕过好望角发现通往印度的航路；1519～1522 年，麦哲伦率领西班牙船队完成了环球航行，他们的船队都是由帆船组成的。

从 19 世纪中叶起，由于蒸汽机、内燃机和汽轮机等动力驱动的船舶相继出现，并具有航速快、受自然条件影响小等优点，远洋商用帆船逐渐被淘汰，只有小型帆船仍被用来作为在一些国家河流上行驶的货船、渔船。

20 世纪 70 年代以来，随着轮船对海洋的污染日益严重，石油资源日渐紧张，人们重又重视起靠风力来推进的帆船不用燃料、没有污染的优点。日本、英国、美国、挪威等国积极研究和试制新型近海和远洋帆船。

1980 年在伦敦召开了关于货船及帆船发展前景的国际研讨会，来自各个国家的专家，交流了对今后帆船发展的设想和已经取得的成果。

日本建成了大型现代化帆船，这是一艘运送原油的油船，叫做"新爱德丸"号。船上设有双轨硬帆，面积有 200 平方米。硬帆就是在传统的帆上安装了金属骨架。按照测得的风向和风速，由一台微型计算机操纵帆具的张开和收拢，并把帆转到最适当的方向。船上还装有内燃机推动装置。但是，只要风

现 代 帆 船

向、风速合适时，就把发动机停掉，让风来帮助船航行，这样，既可以节约许多燃料，又可减少内燃机使用燃料对环境造成的污染。

知识点

汽 轮 机

　　汽轮机是将蒸汽的能量转换成为机械能的旋转式动力机械。汽轮机一般要与锅炉（或其他蒸汽发生器）、发电机（或其他被驱动机械）以及凝汽器、加热器、泵等组成成套设备，一起协调配合工作。汽轮机主要用作发电用的原动机，也可直接驱动各种泵、风机、压缩机和船舶螺旋桨等，还可以利用汽轮机的排气或中间抽气满足生产和生活上的供热需要。按用途划分，汽轮机可分为电站汽轮机、工业汽轮机和船用汽轮机等。按汽缸数目划分，汽轮机可分为单缸汽轮机、双缸汽轮机和多缸汽轮机。

延伸阅读

帆 船 运 动

帆船比赛是运动员驾驶帆船在规定的场地内比赛速度的一项运动，在运动中，运动员依靠自然风力作用于船帆上，驾驶船只前进，是一项集竞技、娱乐、观赏、探险于一体的体育运动项目，具有较高的观赏性。作为一项水上娱乐活动，帆船运动起源于16～17世纪的荷兰。19世纪，英、美等国家纷纷成立帆船运动俱乐部，1870年举行了横渡大西洋的"美洲杯"帆船赛。1900年举行第一次世界性的大型帆船赛。比赛用的帆船通常是由船体、桅杆、舵、稳向板、索具等部件构成的小而轻的单桅船，可分三大类：第一类是龙骨艇，艇身长6.5～22米，船体的中下部突出一块铁舵或铅舵，用以稳定船体，以减少船体的横移。小的龙骨艇只要2～3人操纵，而大的龙骨艇则需要有更多人来操纵。第二类是稳向板艇，其船体中部有槽，可以安放稳向板。艇身最大长6米，最小长2米。由于船体轻、设备简单、易于制造，驾驶起来也比较灵活，可以在浅水中航行。稳向板艇通常只要1～2人就可以操纵。第三类是多体艇，需多人操纵。

风力发电"入海上天"

海上有丰富的风能资源和广阔平坦的区域，使得近海风力发电技术成为近来研究和应用的热点。多兆瓦级风力发电机组在近海风力发电站的商业化运行是国内外风能利用的新趋势。随着风力发电的发展，陆地上的风机总数已经趋于饱和，海上风力发电站将成为未来发展的重点。我国海上风能资源储量远大于陆地风能，储量10米高度可利用的风能资源超过7亿千瓦，而且距离电力负荷中心很近，我国计划大规模建造水上风力发电站，这些海上风力发电站可能建在巨大的浮体上，也可能深入水下建在大陆架上。鉴于海面上风力通常比

海上风力发电

地面上大，因此海上风力发电更具有发展前景。

美国科学工作者按照多年来海上船只报告的风速和风向资料等编成了海洋大气综合数据库，为人们研究和"捕捉"海上风能，提供了宝贵资料。

海上风力发电站不是简单地把陆上风力发电机搬到海上就成了，而是要根据海上的特点，进行专门的设计。

风力发电机怎样才能在波涛汹涌的大海上工作呢？

英国工程师制成一个能在海上悬浮的壳体。这个用混凝土制成的空心壳体浮力很大，把风力发电机固定在上面，放在海中是不会下沉的。然后用聚酯制成的耐海水腐蚀的结实的绳索，把悬浮的壳体牢牢地系在许多锚上。这样，即使在破坏力极大的台风中，风力发电机也能任凭风吹浪打，稳稳当当地发出电来。发出的电力可以用海底电缆送到岸上。这台小型海上风力发电机已在船模试验池里，模拟海上条件进行实验时获得成功。

展望未来，一座座风电站将出现在蔚蓝色的大海上。耸立在海上的风力发电机的大风轮，将迎着强劲的海风转个不停，源源不断地把大量的电力奉献给人类。

风力具有一定程度的不可控制性，人们在利用风力发电时，经常会出现这样的情况：当你正需要用电时，小风习习，风车转不起来。而深夜用电不多时，有时风却刮得烈烈起劲儿。人们只好用蓄电装置，在有风时把多余的电储存起来，到无风或风力不足时再用。这就得增加设备，多花成本。而且，电能储存也是有一定限度的。

这种状况逼得人们开拓创新，找出解决办法。一些科学家把找到更理想的风能作为解决这一问题的方向。他们发现，在距地面 10～20 千米高的空中，有一个空气对流层。这里的风速达到每秒 25～30 米，相当于地面上 10 级狂风，而且总是刮个不停。

于是科学家们有了一个想法：能不能用"天上"的风来发电呢？俄罗斯科学家想出了一个大胆的高招儿，那就是把风力发电机送上天。

如何能够实现把风力发电机送上天的大胆设想呢？科学家设计了一个可行的方案，准备用庞大的装有氦气的气球（氦气很轻又不易燃烧和爆炸），载着重约 30 000 千克的风力发电机组，一起升到对流层中。气球与风力发电机的连接，使用的是超强度的缆索。然后，再用这种结实的缆索，一头系住氦气球，另一头固定在地面上。

风力发电机被送到空气对流层中，在稳定而强劲的风中将发出大量电力，源源不断地通过导线传送到地面上来。

也许实现这个伟大的梦想并不遥远，在科学家们的齐心努力下，某一天，空中风力发电机会神奇地把风捕获住，转化成电供给人类利用。

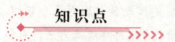

知识点

聚　酯

聚酯是由多元醇和多元酸缩聚而得的聚合物总称。主要指聚对苯二甲酸乙二酯，但习惯上也包括聚对苯二甲酸丁二酯和聚芳酯等线型热塑性树脂。聚酯是一类性能优异、用途广泛的工程塑料。也可制成聚酯纤维和聚酯薄膜。

延伸阅读

现代风力发电机

风力发电机按额定功率的大小，可划分为微型（小于 1 千瓦）、小型（1~10 千瓦）、中型（10~100 千瓦）和大型（大于 100 千瓦）。

现代风力发电机一般由风轮系统、传动系统、能量转换系统、保护系统、控制系统和塔架等组成。风轮是风力机的主要构成部分，风轮由风轮轴和装在轴上的叶片组成。叶片的形状类似于直升机的旋翼，风吹动叶片，使风轮旋转起来，并通过传动轴转动，带动发电机发出电来。

最常用的风力发电机是水平轴风力机。它的风轮轴与地面是平行的，叶片绕水平轴线旋转。这种风力发电机在风速超过额定值时，风轮将被提起，从而起到自行保护作用。

水平轴风力机的风轮，有单叶片、双叶片、三叶片和多叶片等几种。直径为3~30米的风轮，大多是三叶片的。

世界上正在运行的水平轴风力发电机中，风轮叶片最长的，是著名的波音飞机公司设计的。叶片长48.8米，看上去很像飞机的大翅膀。这台风力机安装在美国夏威夷的3 200千瓦的风力发电机上。

一些国家正在研制垂直轴风力机。这种风力机的风轮轴与地面是垂直的。它的特点是可以在任何风向下运行。它不像水平轴风力机那样随风向来改变转动的方向，其设计、制造、安装和运行都比较方便，前景很被看好。

法国制造的戴瑞斯垂直轴风力机的叶片被弯曲成类似正弦曲线的形状，而叶片断面为机翼形，空气阻力小，可以提高风力机的效率。它的传动装置和发电机都被装在垂直轴的下部，操作和维修都很方便。世界上最大的戴瑞斯风力发电机是安装在加拿大马格伦岛的200千瓦发电机组，它的风轮直径为24米，风轮高39米。垂直轴风力机的不足之处是不能自行启动，需要辅助启动装置等。

水　能
SHUINENG

　　水能是水流中蕴藏的动能、势能和压力能等能量的统称。采取一定的方法措施，水能可转化为机械能或电能。水的落差在重力作用下形成动能，从河流或水库等高位水源处向低位处引水，利用水的压力或者流速冲击水轮机，使之旋转，从而将水能转化为机械能，然后再由水轮机带动发电机旋转，切割磁感线产生交流电，进而产生电能。

　　人类开发利用水能的历史比较悠久，但真正充分利用水能，特别是利用水能发电还始于近现代，而且从目前的情况看，利用开发之路还有一段很长的路要走。

"蓝色煤海"——潮汐能

　　古书上说："大海之水，朝生为潮，夕生为汐。"也就是说，海水的涨落在早晨发生的叫潮，在晚上发生的叫汐。在涨潮和落潮之间，有一段短时间水流处于不涨也不落的状态，叫做平潮。

　　大海是运动的，无时不运动，无刻不运动，但大海的运动跟江河的运动有所不同，江河水总是向着一个方向，而海水却经常改变方向，每天都进行往复

潮　汐

运动。

运动是要有动力的，那么是谁有这么大的力量让大量的海水形成如此频繁的往复运动呢？

许多人去试图回答这个问题，有的见解很具科学性，有的却相去甚远。随着对潮汐现象的不断观察和科技水平的不断提高，对形成潮汐的原因，也逐渐统一了认识。我国古代有个叫余道安的人，在所著的《海潮图序》一书中说："潮之涨落，海非增减，盖月之所临，则水往从之。"可见，当时已直觉地认识到月亮运动是潮汐运动的原因。到 17 世纪 80 年代，英国大物理学家牛顿在发现了万有引力定律之后，提出了潮汐是由于月亮和太阳对海水的吸引所引起的。

既然潮汐的产生是由月球和太阳的引潮力所引起的，而月亮和太阳的运行有着很强的周而复始的规律，所以潮汐也同样具有很强的周期性。一日之内地球上除南、北极附近几个地区外，各处潮汐均有两次涨落。每次周期 12 小时 25 分，一日两次，共 24 小时 50 分钟。因此潮汐涨落的时间每天都要推后 50 分钟。

太阳、月亮和地球三者的相对位置是不断变化的，它们的吸引力合力也相应地变化着。两种吸引力有时互相增强，有时则又互相抵消。当朔、望时，太阳、月亮与地球位于同一直线上，太阳和月亮的引潮方向一致，便互相增强，出现大潮。每当上、下弦时，月亮和太阳相对于地球来说，处于相互垂直的位置上，故两种引潮力互相抵消，出现小潮。其他时间引潮力则变动于两者之间，故出现的潮汐也变动于大、小潮之间。从第一次大潮到第二次大潮，有半个月的时间。

月亮绕地球运动，每月一周，其中有半个月是在赤道以北，另半个月则在赤道以南，月亮所在的赤纬不同，其引潮力也不同，故当月亮在赤道以北的半月周期和以南的半月周期的潮汐情况也是有差别的。

月球和太阳的引潮力在引起潮汐涨落现象的同时，还可以使海水产生一种带有周期性的水平运动，叫潮流。

通常，我们把潮汐和潮流所包含的动能，统称为潮汐能。

掌握潮汐的规律很重要。有些港口水深不够，巨大的船只常常要等高潮的时候才能进港或离港。过去，人们对潮汐现象虽不能作出科学的解释，不过生活在海边的人们却了解月亮和潮汐之间存在一定的关系。当月亮在空中呈现一条银线以及变得像一个滚圆通亮的圆盘时，潮汐就会涨得非常高；当月亮弯弯像小船时（上弦和下弦），潮差就比较小。航海者就是根据潮汐的这种规律来航行的。因为他们知道，在低潮时行船容易搁浅，而高潮时则能畅通无阻。

早在20世纪20年代，法国有几位海洋工程学家和电力专家，兴致勃勃地来到世界著名的潮汐落差特别大的朗斯河口。他们望着这排山倒海的潮水，头脑里描绘着建设大型潮汐电站的美好蓝图。

朗斯河口在法国西北部英吉利海峡沿岸。由于这个河口特别狭窄，像个喇叭形，潮水从大海涌来，到这里便越流越快，潮头越来越高（潮水一涨一落的高差有13.5米），好像万马奔腾，蕴藏着巨大的能量。

工程师设计了一条横跨朗斯河口的大坝，把河口同大海分

朗斯潮汐电站

开，坝的后面便形成了一个很大的水库。把水轮机安装到大坝的水下，朗斯河口的潮汐电站建在大坝的上面，于1966年建成了。它成为法国和全世界第一座也是最大的一座潮汐电站。

时至今日，世界各国已经建成许多潮汐电站。其中一个是装有两个涡轮机组的固定平台，于2008年在北爱尔兰斯特兰福特湾的潮流中安装完毕，可为当地家庭提供1.2兆瓦电量。该固定平台运营商海流涡轮机有限公司计划在威尔士海岸安装一个功率更大的潮汐能发电设备，其发电功率将是位于斯特兰福特湾同伴的10倍。

　　潮汐发电其实和普通水力发电一样，都是用水的力量推动水轮机转动来发电的。只不过普通水电站利用的河水总是从上游流向下游，而海里的潮水是来回奔跑的。潮汐发电要比河水发电优越。它不受天气干旱的影响，也不需要因建造水库而占用耕地和移民拆迁。所以，潮汐是继煤、石油、水电之后的"第四能源"。河水发电有"白煤"之称；潮汐发电则被誉为"蓝色煤海"。

　　根据潮汐的涨落方向相反，水流速度也有变化的特点，潮汐发电站采取了3种基本形式来利用潮汐能发电。一种是单库单向发电。它是在海湾（或河口）建起堤坝、厂房和水闸，将海湾（或河口）与外海隔开。涨潮时开启水闸，潮水充满水库，待到落潮时利用库内与库外的水位差，让强有力的水冲击水轮机，

潮汐发电机

带动发电机发出电来。这种方式只能在落潮时发电，所以叫做单库单向发电。

　　第二种是单库双向发电。它同样只建一个水库，但是采用了双向水轮发电机组：涨潮时潮水从海洋流进水库可带动水轮发电机发电；落潮时海水从水库流回海洋，又会从相反方向转动水轮发电机发出电来。这叫做单库双向发电。这两种发电方式的缺点，是在没有潮汐（平潮）时只好停电。

　　第三种是双库单向发电。它可以弥补这个不足，是在具备有利条件的海湾建起两个水库。涨潮和落潮的过程中，让两库水位始终保持一定的落差（恰当地开启或关闭进水闸和泄水闸），那么，安装在两个水库中间的水轮发电机，就可以连续不断地发电了。

　　全世界海洋蕴藏的潮汐能如果都用来发电，其发电的功率约有27亿千瓦，每年的发电量可达33 480万亿度。我国可开发的潮汐能按发电量计算，占全世界蕴藏量的34%～44%，为我国利用潮汐能提供了良好的条件。

　　大海的运动是永不停息的，潮汐能将被人类更好地开发利用。

GHAO ZIRAN DE LILIANG

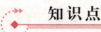

知识点

朔、望

朔又称新月，指月球与太阳的黄经相等的时刻（农历的初一），也指当时的月相，朔时，地面观测者看不到月面任何明亮的部分。

望指月球与太阳的黄经相差180°的时刻（农历十五前后），也指当时的月相。望时，地面观测者可看到月球的完整明亮的圆面。

延伸阅读

江厦潮汐发电站

世界各国已经建成许多潮汐电站，其中较大的有5座，我国的江厦潮汐电站是其中的一座。

我国的江厦潮汐电站建在浙江乐清湾，是1985年12月全部建成的。它的功率仅次于法国的郎斯潮汐电站和加拿大的安娜波利斯潮汐电站（年发电量1 070万千瓦时）。乐清湾是建潮汐电站的理想海湾，最大的潮差高达8.4米。想想看，当潮水从8米高的地方下落时，该有多大的力量。为建立这座潮汐电站，在港湾的狭窄处，筑起了一座670米长，5米宽，16米高的坝，然后在高坝中安装了一排排水轮发电机。当海水涨潮时，潮水就涌进了港湾，水涌进时便推动安在坝上的水轮发电机发出电来。当海水落潮时，滞流在港湾内的水位比港湾处海面的水位要高，于是流向海中，这时水又推动水轮发电机发出电来。

来自波浪的电能

提起波浪，自然就想起大海，碧波万顷的大海暴怒起来，排山倒海的波浪由远而近，铺天盖地而来。波浪是由风吹动水产生的。它蕴藏着巨大的能量。

一般海浪的高度小于 4 米。大风暴掀起的海浪可高达八九米，甚至十几米。历史上，在太平洋上曾发生过 35 米高的特大海浪，相当于一幢 12 层楼那么高。

海浪蕴含着巨大能量

拍击海岸的波浪有着巨大的威力，猛烈的拍岸浪是世界上破坏性最大的力量之一。它能冲决防波堤，或将房屋卷进海里；还能将岸边的陆地切割成岛屿。汹涌如山的海浪曾把一艘万吨巨轮推到岸上。在荷兰的阿姆斯特丹，一块 20 000 千克重的海中混凝土被海浪举起了 7 米多高，然后又抛到距海面 1.5 米的防波堤上。1952 年，一艘美国轮船在意大利西部的海面上，被浪头劈成了两半，一半被抛上岸，另一半被巨浪冲走。

海浪对海岸的冲击力，可达每平方米 $2 \times 10^5 \sim 3 \times 10^5$ 牛顿，有时甚至高达 6×10^5 牛顿。何不利用海浪能来发电呢？浩瀚的海洋占地球表面积的 70%，集中了地球 87% 的水量，蕴藏着极为丰富的海浪能。

世界上已有几十个国家在研究开发波浪能，已建成大大小小波浪发电站上千座。挪威、丹麦、英国、日本是相对发达的波浪发电大国。我国在波浪发电这个高新领域也有所建树。

早在 20 世纪 70 年代，就诞生了世界上第一台波力发电装置，实现了人类向海浪要电的宏愿。

澳大利亚商业波浪发电站

日本是个四面环海的岛国，为了更好地利用波浪的能量来发电，研制了"海明号"波力发电装置，并且获得了成功。这个发电装置是利用波浪上下运动的力量来工作的。它是一个巨大的浮体——一条无人驾驶的"船"，浮在海上。长 80 米、宽 12 米，有 500 吨重。船底有 22 个大洞，每个洞里装着一个无底的空气箱（也叫空气室）。每两个空气箱装有一台空气涡轮机，而涡轮机是与发电机相连的。

当这条发电船浮在海面上时，空气箱下面的海浪不停地上下起伏着，压缩着箱内的空气。正像用打气筒给自行车打气那样：握住打气筒的手柄，一上一下不停地运动，就把压缩空气打进了轮胎。同样道理，海浪连续地压缩着箱内的空气，被压缩的空气就以高速喷向涡轮机的叶片，使涡轮机转动，带动发电机发出电来。年发电量可达 19 万千瓦时，发出的电源源不断地通过海底电缆送上岸堤。

英国人索尔特研制成一种"浮鸭"装置，是利用波浪横向运动的能量来发电的。这个装置的模样很古怪，一头是圆形，另一头比较尖，挺像一只鸭。给它装上很长的桨片，按照一定的角度伸向各方。将"浮鸭"浮在海面上，海浪一来，浮鸭的脖子摆动，桨片转动水泵，水泵推动水，水推动涡轮发电机，就会发出电来。

在海上，"浮鸭"装置总是随着波浪一起一伏，就像点头的鸭子一样，所以它还有一个名字，叫"点头鸭"。

一个"点头鸭"的能力不够，可以把20～40个"点头鸭"连成长长的一串，正对着波浪的来向排成一列，每一米的长度上可以发电几千瓦。发出的电由海底电缆送到岸上。

有一类波力发电装置是固定在岸上的。将一个高高的用钢制成的圆管竖立在海边峭壁的裂缝中，犹如屹立岸边的"巨人"。当海浪经过管道进入圆管时，会造成管内水面的升降，促使管内上部的空气排出和吸入，来推动涡轮机叶片转动，带动发电机发出电来。

挪威的水柱式波力发电装置，就属于这一类。但它不是用一根管，而是将一排排20米高的钢管用钢塔支架，架在岸边岩坑中，联合起来发电。

由于波浪周期性地接连冲击岩坑，波浪的体积会受到压缩，聚集的力量便会增加数倍，从而发出更多的电。

挪威的这座发电站设计功率高达1万千瓦，已于1990年开始运行。由于电站建在岸边，当然就不需要使用海底电缆，发出的电输送起来比较方便。

我国小型波力发电站

我国大陆海岸线长达18 000多千米，拥有大小岛屿6 500多个，海岛的岸线总长约14 000千米。我国海域风浪较大，蓄藏着丰厚的波力资源，波力发电前景美好。

早在1981年，我国就试制成功了第一套具有国际先进水平的海浪发电装置，一天发的电可供航标灯使用3天。仅在长江口外海域，就有50多座这样的波力发电装置在运行。

我国制造的BD10型波力自动发电装置，发出的电能既可作为海上航标灯的电源，也可以充当海洋水文、气象自动遥测浮标的长效电源。

把这个波力发电装置安装在带中心管的浮标上。利用浮标随波漂动上下升降，使中心管内的空气受压时松时紧。气流推动涡轮机旋转，带动发电机发出电来。

我国已在广东珠江口外大万山岛建成 8 千瓦岸式波力发电站。一种新型的"摆式海浪试验电站"已在青岛海域兴建，为我国在 21 世纪开发波浪能做了大量的技术准备。

我国将在 21 世纪大规模开发波浪发电，除建立大中型先进的波力发电站以外，凡是有人居住的海岛、海上作业区和海防哨所，都要兴建各类深水波力发电站，使波浪发电成为能源大军中的一支新军。

利用波浪能发电，既省燃料又不污染环境，而且也很安全。把波力发电装置安放海边还可以防波消浪，对发展海洋渔业和养殖业也大有好处。

虽然，现在人类利用波浪能的技术还不够成熟，有好些技术难关需要攻坚，但波浪能必将成为人类未来能源的重要组成部分之一却是大势所趋，无可替代。

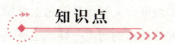

知识点

涡 轮 机

涡轮机是利用流体冲击叶轮转动而产生动力的发动机，是广泛用做发电、航空、航海等的动力机。涡轮机可分为汽轮机、燃气轮机和水轮机。在现代涡轮机中，涡轮增压器是个非常关键的构成部件。涡轮增压器实际上是一种空气压缩机，通过压缩空气来增加进气量，进而利用惯性冲力来增加发动机的输出功率。

延伸阅读

世界波能的分布

南半球和北半球 40°～60° 纬度间的风力最强。信风区（即赤道两侧 30° 之内）的低速风也会产生很有吸引力的波候（某一海域的波浪状况的长期统计特征），因为这里的低速风比较有规律。在盛风区和长风区的沿海，波浪能的密度一般都很高。英国沿海、美国西部沿海和新西兰南部沿海等都是风区，有着特别好的波候。我国的浙江、福建、广东和台湾沿海也为波能丰富的地区。因为大洋中的波浪能是难以获取的，所以可供利用的波浪能资源仅局限于靠近海岸线的地方。但即使是这样，在条件比较好的沿海区的波浪能资源贮量也超过2 000亿瓦。据估计全世界可开发利用的波浪能可达2 500亿瓦。

海流发电梦想成真

浩瀚的海洋中除了有潮水的涨落和波浪的上下起伏之外，有一部分海水经常是朝着一定方向流动的。它犹如人体中流动着的血液，又好比是陆地上奔腾着的大河小溪，在海洋中常年默默奔流着。海流和陆地上的河流一样，也有一定的长度、宽度、深度和流速。

早在15世纪，哥伦布横渡大西洋时，遇到了一股向西流动的水流。这时，航船随流而行十分轻快，他才第一次知道了海洋里有海流存在。哥伦布曾在日记里写道："我注意到海水明显地自东向西流动，好像是上帝驱使的一样。"

一般情况下，海流比长江、黄河还要长；而其宽度却比一般河流要大得多，可以是长江宽度的几十倍甚至上百倍；海流的速度通常为每小时1~2海里，有些可达到4~5海里。海流的速度一般在海洋表面比较大，而随着深度的增加则很快减小。

风力的大小和海水密度不同是产生海流的主要原因。由定向风持续地吹拂海面所引起的海流称为风海流；而由于海水密度不同所产生的海流称为密度流。归根结底，这两种海流的能量都来源于太阳的辐射能。从纬度较低海洋流向纬度较高海洋的海流水温较高，叫做暖流；从纬度较高海洋流向纬度较低海洋的海流水温较低，叫做寒流。海流在水面下的叫"潜流"。

世界上著名的海流有墨西哥湾流、赤道流、北大西洋流和黑潮流。黑潮流是太平洋上的一条暖流。起自台湾以东，经东海流向日本。黑潮流的宽度约

100 海里，平均深度为 400 米。流量相当于全世界河流总流量的 20 倍。我国北方的秦皇岛和葫芦岛，由于受黑潮暖流的影响，而成为不冻港。由于这股海流的盐分重、水色深蓝，从高处俯视好像是漂在蔚蓝色大海里的一条黑色绸带，所以人们叫它黑潮流。

黑　潮　暖　流

海流有着巨大的水量，海水流动所产生的动能叫海流能。就拿墨西哥湾流来说，它的起点的宽度有 80 千米宽，深 800 米，流速 2～3 米/秒，流量竟达 1 亿立方米/秒，比北美洲第一大河密西西比河的流量要大 1 800 倍。海流在流动中具有很大的冲击力，如果利用它来发电，将获得大量的电能。有人估计，世界各大洋中海流能若全部用来发电，其总功率可达 50 亿千瓦左右，是海洋能中蕴藏量最大的一种能量。

我国海域辽阔，既有风海流，又有密度流；有沿岸海流，也有深海海流。这些海流的流速多在每小时 0.5 海里左右，流量变化不大，而且流向比较稳定。

若以平均流量每秒 100 立方米计算，我国近海和沿岸海流的能量就可达到 1 亿千瓦以上，其中以台湾海峡和南海的海流能量最为丰富，它们将为发展我国沿海地区工业提供充足而廉价的电力。

利用海流发电比陆地上的河流优越得多，它既不受洪水的威胁，又不受枯水季节的影响，几乎以常年不变的水量和一定的流速流动，完全可成为人类可靠的能源。但是，要在一望无际的茫茫大海中，可不像在江河上那么容易建造水电站。在大海上安装水轮机不是件容易的事，筑堤拦水更是难上加难。

海流发电是依靠海流的冲击力使水轮机旋转，然后再变换成高速，带动发电机发电的。目前，海流发电站多是浮在海面上的。例如，一种叫"花环式"的海流发电站，是用一串螺旋桨组成的，它的两端固定在浮筒上，浮筒里装有发电机。整个电站迎着海流的方向漂浮在海面上，就像献给客人的花环一样。

海中的发电机

这种发电站之所以用一串螺旋桨组成，主要是因为海流的流速小，单位体积内所具有能量小的缘故。它的发电能力通常是比较小的，一般只能为灯塔和灯船提供电力，至多不过为潜水艇上的蓄电池充电而已。

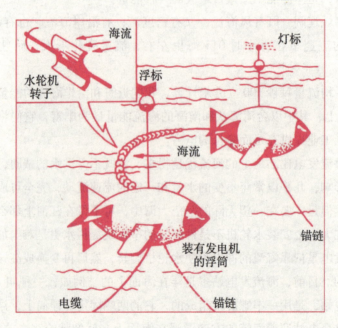

花环式海流发电站示意图

　　美国曾设计过一种驳船式海流发电站，其发电能力比花环式发电站要大得多。这种发电站实际上就是一艘船，因此叫发电船似乎更合适些。在船舷两侧装着巨大的水轮，它们在海流推动下不断地转动，进而带动发电机发电。所发出的电力通过海底电缆送到岸上。这种驳船式发电站的发电能力约为 5 万千瓦，而且由于发电站是建在船上的，所以当有狂风巨浪袭击时，它可以驶到附近港口躲避，以保证发电设备的安全。

　　20 世纪 70 年代末期，国外研制了一种设计新颖的伞式海流发电站，这种电站也是建在船上的。它是将 50 个降落伞串在一根很长的绳子上来聚集海流能量的，绳子的两端相连，形成一个环形。然后，将绳子套在锚泊于海流的船尾的两个轮子上。置于海流中的降落伞由强大海流推动着，而处于逆流的伞就像大风把伞吸胀撑开一样，顺着海流方向运动。于是拴着降落伞的绳于又带动船上的两个轮子，连接着轮子的发电机也就跟着转动而发出电来，它所发出的电力通过电缆输送到岸上。

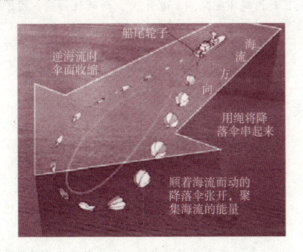

伞式海流发电站示意图

　　英国科学家法拉第在 100 多年前发现了电磁感应定律。他那时就设想过利用地磁感应使海流发电，不过当时由于科学技术各方面条件所限，无法产生足够强大的磁场。随着超导技术的发展，有的专家大胆设想：用一个 3.1 万高斯的超导磁体，放入黑潮海流中，利用海流通过强磁场，造成磁感线的切割，从而可以发电。

伴随着海流发电的各种美好设想的实施，不可避免地会遇上各种困难，但无论如何，海流发电一定会在人们的努力下成为现实。

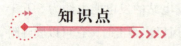

纬　度

纬度是指某点与地球球心的连线和地球赤道面所成的线面角，其数值在0°～90°之间。位于赤道以北的点的纬度叫北纬，记为 N，位于赤道以南的点的纬度称南纬，记为 S。纬度数值在0°～30°之间的地区称为低纬地区，纬度数值在30°～60°之间的地区称为中纬地区，纬度数值在60°～90°之间的地区称为高纬地区，赤道为0°，向两极排列，圈子越小，纬度数越大。

海流的综合作用

海流对海洋中多种物理过程、化学过程、生物过程和地质过程，以及海洋上空的气候和天气的形成及变化，都有影响和制约的作用：

（1）暖流对沿岸气候有增温增湿作用，寒流对沿岸气候有降温减湿作用。

（2）寒暖流交汇的海区，海水受到扰动，可以将下层营养盐类带到表层，为鱼类提供食物，有利于鱼类大量繁殖；两种海流还可以形成"水障"，阻碍鱼类活动，使得鱼群集中，易于形成大规模渔场；有些海区受离岸风影响，深层海水上涌把大量的营养物质带到表层，从而形成渔场。

（3）海轮顺海流航行可以节约燃料，加快速度。

（4）海流还可以把近海的污染物质携带到其他海域，有利于污染的扩散，

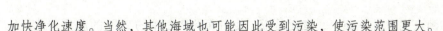

加快净化速度。当然，其他海域也可能因此受到污染，使污染范围更大。

触手可及的海水温差发电

我们知道，太阳辐射到地球表面的热能有很大部分被海水吸收了。我们又知道，海洋约占地球表面积的70%，海水是个巨大的吸热体。同样面积的海洋要比陆地多吸收 10%～20% 的热量。海洋储存热量的本领比土层大2倍，比花岗岩大5倍，比空气大3 000多倍。因此，海洋成了地球上储存太阳能的最大热库。

辽阔的海洋是不结冰的（南北极和浅海除外），大海把吸收的热量储存在海水的上层。在南北回归线之间，海洋表面水温平均为27℃，这是一个温暖而舒适的环境。

海洋很深，有的地方深达万米。在海洋深处的海水，却是很冷的。即使是在赤道两侧的热带海区，一到数十米以下，海水温度便会急骤下降。到500米深时，海水温度便降至5℃～7℃。到2 000米以下，就只有2℃左右了。于是，海洋的深处，就成了一个冰冷的世界，像是一个大冷库。

可以想象，表层海水吸收阳光温度高，而深层海水不见天日而温度低。这样，海洋中就存在着温度的差异，有时可相差20℃左右。利用这种温差可将海洋热能转换成电能加以利用，这种发电方式叫海水温差发电。

海水温差发电具有煤、油等天然化石燃料不具备的优点。

首先，海水温差发电不消耗天然的燃料资源，从长远看，是比较经济的发电方式，也是一种没有污染的发电方式。这种发电方式可以长期使用，其能量的来源是取之不尽、用之不竭的。

其次，海水温差发电需把大量的深海冷水抽上来，而这些水中含有较多的营养成分，有利于浮游生物的增殖，以便发展养殖渔业。

1881年，法国科学家特阿森最早提出了温差发电的原理。1926年，有人做了这么一个实验。在烧瓶里加入28℃的温水（相当于海洋表层的水温），左面的烧瓶里加入冰块，并保持在0℃（代替海洋深处的温度）。用真空泵将烧瓶内的压力抽到0.38牛顿/厘米^2（相当于1/25个大气压力）。在这个压力下，水的沸点就下降为28℃，也就是说，使右面的烧瓶中的28℃的温水在此低压下成为沸腾的水。这个道理如同高山上由于气压比地面上低，水不到100℃就沸腾的道理一样，只不过在这个实验中的压力更低，所以水的沸点更低，这样，右面烧瓶内蒸发的水蒸气经过一个喷嘴喷出，推动涡轮旋转，涡轮与发电机的转子相连，发电机就同时旋转，即发出了电能。这个实验表明，海水温差发电是可能的。1930年，还出现了用海水温差发出电功率22千瓦的实验装置。

第一个"吃螃蟹"的人是一个有创见的法国物理学家克劳德，他在古巴近海选择了一个地方，做了许多实验。经过多次失败，最后他终于用海洋温差发出了功率为22千瓦的电。这是一个科学的突破。对于这一突破，许多科学家为之欢呼雀跃，他们的信心更加坚定，用海洋表面的温水、深层的冷水和先进的技术，人类一定能得到大量的电能。

怎样利用海水温差来发电呢？

在美国凯路亚科纳实验电站里，用13根白色塑料管道，把吸收了太阳热能的上层海水，注入一个压力很低的容器里。温海水在这里一下子沸腾起来，产生许多蒸汽。用这些蒸汽去推动汽轮发电机，就可以发出电来。用过的蒸汽被送入管道，用从800米深处抽上来的冷海水使它冷却，凝固成淡化水。

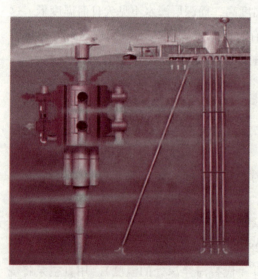

海水温差发电机

用这种方法发电，可以不受多变的潮汐和海浪的影响，不消耗任何燃料，也不会污染环境，不仅可以产生电，而且每天还可以得到大量味道甘美的淡化海水。

另一种利用海水温差发电的方法，是利用被太阳晒热的温海水，使被加压的一种液体氨变成蒸气。用这种蒸气去推动汽轮发电机发电。然后再用深海的冷水使氨蒸气冷却，变成液体循环使用。

在利用海水温差发电的系统中，温差开式发电循环系统是常见的形式之一。系统主要包括真空泵、温水泵、冷水泵、闪蒸器、冷凝器、透平发电机等组成部分。工作过程是：真空泵先将系统内抽到一定程度的真空，接着启动温水泵把表层的温水抽入闪蒸器，由于系统内已保持有一定的真空度，所以温海水就在闪蒸器内沸腾蒸发，变为蒸汽。蒸汽经管道由喷嘴喷出推动透平发电机运转，带动发电机发电。从透平排出的低压蒸汽进入冷凝器，被由冷水泵从深层海水中抽上来的冷海水所冷却，重新凝结为水，并排入海中。在此系统中，作为工作介质的海水，由泵吸入闪蒸器蒸发，推动透平做功，然后经冷凝器冷凝后直接排入海中。

　　哪里的海水温差发电最好呢？当然是热带海洋。热带地区阳光强烈，海水里储存的太阳能最多，上下层海水温差也最大。在赤道两侧的热带海区，一到数十米以下，海水温度便会急骤下降，这种降温直到一二百米深处才逐渐趋缓。到 500 米深时，海水温度便可降至 5℃~7℃，在 900 米深处，水温便降到 5℃ 以下，到 2 000 米以下，就基本稳定在 2℃ 左右。我国西沙群岛海域，在 5 月份测得表层海水水温有 30℃。而 1 000 米深处的冷海水只有 5℃。这里的海水温差大，很适合发电。我国位于东半球，海洋温差条件比较好，尤其是台湾附近的海水温差较大，是建设海水温差发电站的好地方。

　　据海洋学家调查，全世界海洋面积为 3.6 亿平方千米，所以海洋中深度在 500 米以内的海水量最多只不过 15 亿亿吨，在整个海洋 175 亿亿吨海水中还不到 10%，其余 90% 以上的 160 亿亿吨海水全是深度为 500~11 000 多米、温度在 7℃ 以下的冷海水。这些海水是永远也用不完的，它完全可以成为用以提取温差能源进行温差发电所必不可少

秘鲁海水温差发电站

的强大后盾。据估计只要把南北纬 20° 以内的热带海洋充分利用起来发电，水温降低 1℃ 放出的热量就有 600 亿千瓦发电容量，全世界人口按 60 亿计算，每人也能分得 10 千瓦，前景是十分诱人的。

但是，上面所说的毕竟是理论，而且只是对小规模利用海水温差发电前景的描述，因此，虽然利用海水温差发电的前景十分诱人，却尚有许多技术难关需要突破，才能降低成本，建立实用化的大型发电站，这一未来能源的利用可以说是路漫漫，但只要有希望，人类都会把它变为现实，这一点是毋庸置疑的，海水温差发电的梦想不再是遥不可及。

知识点

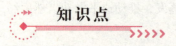

南北回归线

南回归线是太阳直射点回归运动（时间大约为每年的 12 月 22 日）时移到最南时所在的纬线，大约在南纬 23°25′。反之，北回归线是太阳直射点回归运动（时间大约在每年的 6 月 22 日）时移到最北时所在的纬线，大约在北纬 23.5°。

南、北回归线是南温带、北温带与热带的分界线；南极圈、北极圈则是 90°减去回归线的度数，是南温带、北温带与南寒带、北寒带的分界线。

延伸阅读

雪　　能

你可能不会想到，雪花不仅晶莹洁白、形态迷人，而且还蕴藏着巨大的能量，可以用来发电。煤、石油等燃烧释放的是热能，雪不能燃烧，同样能放出能量，但不是热能，而是"冷能"。

生活中的制冷设备如冰箱等，在制冷时要消耗大量电能。如果用雪花来制冷，不就可以节省许多电能吗？

实际上，我们的祖先早在利用冰能了。在清朝，专门有官员负责在冬季收集冰块，贮藏在地窖里，到夏季把冰块发给皇亲贵族使用。在现代，美国科学家曾把冬天保存的 500 吨雪，在炎热的夏天用做高楼的空调能源。

日本科学家设想在炎热的夏天，用融化的雪水通过管道，对大楼降温。日本的一个农业试验场，把雪堆放贮藏蔬菜、谷物的库房周围，使库房温度保持在 0℃左右，蔬菜、谷物在没有制冷设备的库房里，完好保存了几个月。

如今，积雪发电已获得成功，利用积雪温差发电的独特设备也设计制造出来了。积雪发电的工作原理是这样的：将一个蒸发器放在地面上，蒸发器里面放的是沸点低的液体化学物质，比如氟、氨等液体。再把一个凝缩器放在高山上。凝缩器里放的是雪。两个器具之间用管道连接在一起，并把管内空气抽出。然后，用地下热水和工厂里的余热，使沸点很低的氟、氨等液体变成气体通过管道冲击汽轮机，带动发电机发电。通过汽轮机的氟、氨气体，再经过凝缩，在雪的冷却作用下，重新变成液体贮存在蓄水器里，通过泵送回蒸发器，循环使用，不断发电。

让水像油一样燃烧起来

让水像燃料一样燃烧起来，听起来这是多么的不可思议！众所周知，水火不相容，水是最常用的灭火剂，正在熊熊燃烧的烈火，一遇上水就会熄灭，怎么能叫水变成燃料呢？

在化学课上我们了解到，水是由两个氢原子和一个氧原子组成的化合物。一般情况下，水性情稳定，氢、氧原子紧密团结，但在一些特殊的情况下，水可以被分解成氢和氧。

1781 年，英国化学家卡文迪许发现，氢的基本性质是能够和氧发生燃烧反应生成水，并放出大量的热。燃烧 1 千克氢，可以放出热量 1.4×10^8 焦耳，而同等质量的一氧化碳燃烧后只能放出 8.8×10^6 焦耳，仅为氢气的 1/16，汽油的热值也仅为 4.6×10^7 焦耳/千克，不到氢气的 1/3。

从对比中，我们不难发现氢气是一种蕴藏着巨大能量的高能燃料。

从理论上讲，用氢气做燃料不但热值高，而且还有一个最大的优点，就是不产生氧化氮、二氧化硫和二氧化碳之类污染大气、影响环境的物

质，更没有尘烟。烧剩下来的，只有清清的水。所以氢是一种最"干净"的燃料。

不管是已经用在工业上的方法，还是试验中的方法，都具有成本高，需消耗其他能源的缺点。尤其在化石燃料已告危机的情况下，再用它们生产氢气做燃料，岂不是多此一举吗？

然而，事情并没有至此止步，希望还是存在的。

如果单从数量的得失而言，发展氢能确是得不偿失，但是，我们必须看到问题的另一面。

正如衣服质量有好有坏一样，能源也有质量之别。能源的质量通常用温度或能量的密集度来表示，100℃以下的，是低品位能源，超过100℃的，叫高品位能源。

高品位能源用途十分大，既可以烧饭、煮水，又可以开动发动机、炼钢等。而低品位能源却只能用来取暖、烘干等，用处有限。人类面临的能源危机，实质上是高品位能源的危机。低品位能源比比皆是，如太阳能可以把地晒到几十摄氏度，可它不能直接用来开车、炼钢等。可是。如果把太阳能转化为氢。既便只有1/10的转化率，其价值将完全不同。氢能可以完成很多太阳能完不成的工作。氢能可以把火箭送上天，而太阳能却不能做到这一点，至少目前做不到。

所以把低品位的能源转化为高品位的能源是合算的。

第二个被忽略的问题，即是能的贮存问题。我们曾感叹过大自然中雷电、飞瀑、洪水、阳光等具有巨大的能量，要是能利用起来该有多么好。然而，它们有一个共性，即"抓不住，关不牢"，所以被称为"过程性能源"，如果能将其贮存起来，在需要时放出，它们就不会白白流走了。

电也很难贮存，在用电高峰，供不应求，而高峰过后，又徒然浪费，要是能够把多余的电能贮存起来该多好，以过剩济不足，这样电站的效率就可以大大提高。

解决能量贮存的好办法就是把上述种种形式的能量，转化为氢能。氢是一种实体，可以贮存，可以运输，使用方便。

所以，考虑到能量品位和贮存问题，发展氢能的意义是无与伦比的。

氢可以制成液体，也可以制成气体，很容易用管道或油罐运输，运输成本只及输电费用的 1/10。

　　氢具有广泛的用途，无论是家庭还是工业，都可以使用氢燃料，炊事、加热都十分适宜，而且它不像现在人们使用的许多燃料会产生有毒物质。

　　氢可以做成燃料电池使用。在燃料电池中，氢同空气中的氧相结合生成水而产生电流，因而完全没有排放废气的问题。这种电流可以驱动车辆。也许未来世界中汽车都是用氢而不是用汽油驱动的。燃料电池既然可以用氢来产生电力，因而也可以用氢来储存电力。

　　液氢是飞机的理想燃料。飞机需要使用重量轻、能量大的燃料。因为单位质量液氢所含的能量为喷气发动机燃料的 2.5 倍，因此用氢做燃料可以增加飞机的航程。

　　高能、清洁是液态氢的两大优点，而且，生产氢的原料——水是用之不尽的，正因为这样，注定液态氢将风行于世。

　　通过上面的分析，我们有理由相信，让水像油一样燃烧，必将成为未来世界的一道"靓丽风景"。

知识点

电　解

　　电解是将电流通过电解质溶液或熔融态物质，在阴极和阳极上引起氧化还原反应的过程，电化学电池在外加电压时可发生电解过程。电解过程是在电解池中进行的。电解池是由分别浸没在含有正、负离子的溶液中的阴、阳两个电极构成的。电流流进负电极（即阴极），溶液中带正电荷的正离子迁移到阴极，并与电子结合，变成中性的元素或分子；带负电荷的负离子迁移到另一电极（即阳极），给出电子，变成中性元素或分子。

得到氢的方法

第一种办法叫铁蒸气法。将水蒸气通过灼热的铁屑，这时铁屑与水汽作用，生成四氧化三铁并放出氢气。

第二种办法叫转化法。将水蒸气通过灼热的煤层，首先生成氢和一氧化碳的混合物，俗称水煤气，将水煤气再和水蒸气一起通过灼热的氧化铁，就转化成二氧化碳和氢，将二者分离后可得到氢。

第三种是电解法，主要是利用半导体电极催化电解水，得到氢和氧。

远期看，还有两种方法，一种是直接利用蓝—绿藻低等植物，经光照后分解水产生氢和氧。但放氢量很少，而且不能长时间连续放氢。另一种是光化学催化分解水放氢，即用一种金属化合物做催化剂，利用太阳能使水分解放出氢和氧。

热 能
RENENG

　　从分子运动论观点看，热能的本质是物体内部所有分子无规则运动的动能之和，因此，热能属于内能，但不等同于内能。内能除包括物体内部所有分子无规则运动的动能（即热能）之外，还包括分子间势能，以及组成分子的原子内部的能量、原子核内部的能量、物体内部空间的电磁辐射能等。

　　这里所讲的热能，主要是指来自地球内部的能量，即地热能。地热能有着奇异的功能，利用广泛，可发电、取暖、建温室、医疗等等，是非常有前景的新能源。

地球是个大热球

　　正当世界面临能源短缺之时，人们自然会想起地球母亲怀抱中的能源——地热。我们的祖先早在 2 000 多年前，就开始享用地下热水，后来开发蒸汽井采热。但因条件限制，只能利用地表的有限热能，而地球深处的能量被埋没了许多个世纪。从 20 世纪 70 年代开始，地热的开发利用受到了世界各国的重视，深埋了亿万年之久的地下热源被开采出来，为人类供暖和发电，开辟了能

源世界的新天地。

我们居住的地球，很像一个大热水瓶，外凉内热，而且越往里面温度越高。因此，人们把来自地球内部的热能，叫地热能。地球通过火山爆发和温泉等途径，将它内部的热能源源不断地输送到地面。人们所热衷的温泉，就是人类很早开始利用的一种地热能。然而，目前对地热能大规模的开发利用还处于初始阶段，所以说地热还属于一种新能源。

在距地面 25～50 千米的地球深处，温度为 200℃～1 000℃；若深度达到距地面 6 370 千米即地心深处时，据估算，如果按照当今世界动力消耗的速度完全只消耗地下热能，那么即使使用 4 100 万年后，地球的温度也只降低 1℃。

由此可见，在地球内部蕴藏着多么丰富的热能。温度分布是很规律的，通常，在地壳最上部的十几千米范围内，地层的深度每增加 30 米，地层的温度便升高约 1℃；在地下 15～25 千米之间，深度每增加 100 米，温度上升1.5℃；25 千米以下的区域，深度每增加 100 米，温度只上升 0.8℃；以后再深入到一定深度，温度就保持不变了。

地球内部蕴藏着难以想象的巨大能量。据估计，仅地壳最外层 10 千米范围内，就拥有 1 254 亿亿亿焦耳热量，相当于全世界现产煤炭总发热量的2 000倍。如果计算地热能的总量，则相当于煤炭总储量的 1.7 亿倍。有人估计，地热资源要比水力发电的潜力大 100 倍。可供利用的地热能即使按 1% 计算，仅地下 3 千米以内可开发的热能，就相当于 2.9 万亿吨煤的能量。这是多么惊人的数字啊！

地球深层为什么储存着如此多的热能呢？它们是从哪里来的？大多数学者认为，这是由于地球内部放射性物质自然发生蜕变的结果。在核反应的过程中，放出了大量的热能，再加上处于封闭、隔断的地层中，天长日久，经过逐渐的积聚，就形成了现在的地热能。值得指出的是，地热资源是一种可再生的能源，只要不超过地热资源的开发强度，它是能够补充而再生的。

通常，人们将地热资源分为 4 类：

第一类是水热资源。这是储存在地下蓄水层的大量地热资源，包括地热蒸汽和地热水。地热蒸汽容易开发利用，但储量很少，仅占已探明的地热资源总量的 0.5%。而地热水的储量较大，约占已探明的地热资源的 10%，其温度范

地热蒸汽

围从接近室温到高达390℃。

第二类是地压资源。这是处于地层深处沉积岩中的含有甲烷的高盐分热水。由于上部的岩石覆盖层把热能封闭起来，使热水的压力超过水的静压力，温度约在150℃～260℃，其储量约是已探明的地热资源总量的20%。

地压资源更深处温度可达260℃，井口压强可达（280～420）×10^{5}帕，因此它除了是一种热能资源外，同时还是一种水能资源。此外，地压型热水中还溶解有较多的甲烷、少量的乙烷和丙烷等烷烃气体，也可以作为副产品回收。

地压型热水的固溶物总量不高，最低时小于1 000毫克/升，因此可以用做饮用水。地压型地热资源的成因是：在滨海盆地的一套退覆地层中，当上覆的粗粒沉积砂的质量超过下伏泥质沉积层的承重能力时，砂体逐渐下沉，产生一系列与海岸平行的增生式断层，沉砂体被周围的泥质沉积层所圈闭，并承受上覆沉积层的部分负荷。虽然覆盖层的负荷总是趋于压出沉砂体中的隙间水，但由于四周圈闭层的透水性能很差，砂粒和隙间水的可压缩程度又很低，因而地压型热水积蓄了较大的水力能。它的热来源于正常地热梯度热源。水是热的不良导体，比热容大，作为圈闭层的黏土层又是良好的隔热体，它阻挡了热量的外流，因而使沉砂体中的隙间水在长达几百万年的长时间内储集了大量的热能。

地压型热水中的烷烃气体是石油烃在高温高压下发生天然裂解形成的。地

羊八井地热田

压型地热田是在美国墨西哥湾地区开发的一种新型热田。

第三类是干热岩。这是地层深处温度为150℃~650℃左右的热岩层，它所储存的热能约为已探明的地热资源总量的30%。

干热岩主要被用来提取其内部的热量，因此其主要的工业指标是岩体内部的温度。开发干热岩资源的原理是从地表往干热岩中打一眼井（注入井），封闭井孔后向井中高压注入温度较低的水，产生了非常高的压力。在岩体致密无裂隙的情况下，高压水会使岩体大致垂直最小地应力的方向产生许多裂缝。若岩体中本来就有少量天然水，这些高压水使之扩充成更大的裂缝。当然，这些裂缝的方向要受地应力系统的影响。随着低温水的不断注入，裂缝不断增加、扩大，并相互连通，最终形成一个大致呈面状的人工干热岩热储构造。在距注入井合理的位置处钻几口井并贯通人工热储构造，这些井被用来回收高温水、汽，称之为生产井。注入的水沿着裂隙运动并与周边的岩石发生热交换，产生了温度高达200℃~300℃的高温高压水或水汽混合物。从贯通人工热储构造的生产井中提取高温蒸汽，用于地热发电和综合利用。利用之后的温水又通过注入井回灌到干热岩中，从而达到循环利用的目的。

第四类是熔岩。这是埋藏部位最深的一种完全熔化的热熔岩，其温度高达650℃~1 200℃。熔岩储藏的热能比其他几种都多，约占已探明地热资源总量的40%。

涌出地表的岩浆其温度约为700℃~1 200℃，黏滞度从10万倍于水到几乎不能流动的程度。

涌出地表的岩浆

深色的铁镁质熔岩往往形成绳状熔岩和渣状熔岩。绳状熔岩表面光滑，轻微起伏或呈宽丘形。液态熔岩流在具有静态可塑性的表层下面反复拉曳和褶皱，使地表形状酷似缠绕的绳卷。与绳状熔岩不同，渣状熔岩表面非常粗糙，覆盖一层疏松碎块，两侧各有一大片缓缓流动的熔岩块，中间形成一条宽 8~15 米的窄带。

稀薄的玄武岩熔岩流通常含有许多气泡。厚熔岩流的热量能保持很长时间，凝固前大部气体已经逸出，因此所含气泡较少，结构致密。绳状熔岩和渣状熔岩流的化学成分可能完全相同。

事实上，熔岩流离开火山口时成分是相同的，而在向下滑动时，绳状熔岩变成了渣状熔岩。黏滞度愈大，坡度愈陡，绳状熔岩变成渣状熔岩的可能性就愈大。反之则不会发生这种变化。安山岩熔岩或中性熔岩形成另一种类型的块状熔岩流。与渣状熔岩相似，顶部也布满疏松的碎石，不过形状比较规则，大多数呈多边形，各个侧面相当光滑。熔岩含硅量越大，形成的岩块越碎。显然这种现象是由于气体从正在冷却和结晶的岩浆逸出时导致一系列微爆炸所导致的。

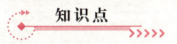

知识点

干　热　岩

干热岩也称增强型地热系统，或称工程型地热系统，是一般温度大于 200℃，埋深数千米，内部不存在流体或仅有少量地下流体的高温岩体。干热岩的成分变化很大，绝大部分为中生代以来的中酸性侵入岩，但也可以是中新生代的变质岩，甚至是厚度巨大的块状沉积岩。干热岩主要被用来提取其内部的热量。

延伸阅读

地球的三层结构

　　地球最外面是由坚硬的岩石构成的外壳，地壳厚度有 5～70 千米。

　　地壳下面的一层叫地幔，约 2 900 千米厚，由高温岩浆组成。地幔受地壳隔离，我们看不见它，只有当火山喷发时，地幔才将它的一部分岩浆送到地面。地幔的温度高达 1 200℃～2 000℃。

　　地幔裹着的是地核，主要由铁、镍等金属组成。地核分为两部分：外核是液体，内核是固体，是一个高温高压的坚实的核心，即使是最坚硬的金刚石在这里也会被压成黄油那样软。地核中心的温度高达 5 000℃，它蕴藏着难以想象的巨大能量。

地热能的开发利用

　　实际上，长期以来，人类一直在利用着地热资源。古代的罗马人和现代的冰岛人、日本人、土耳其人以及其他民族早就用地热水洗澡和采暖。在新西兰的毛利族也开发了天然热水来满足他们的生活需要。在新西兰可以看到利用地热的情景，在北岛罗鲁瓦附近的一个毛利人村庄里。可以看到这样一幅有趣的画面：渔民把捉住的鳟鱼放在沸水塘烹调，几米以外，他的妻子在给婴儿进行地热浴，他的女儿在从事家庭洗涮，同时在蒸汽孔上蒸煮马铃薯。

　　地热的利用方式很多，或直接利用，或用来发电。

　　地热发电，主要是利用高温蒸汽和热水来发电。"地下锅炉"已经烧好了热水与蒸汽，人们应该做的，是把热能转化为电能。

　　最早利用地热发电的是意大利人。早在 1904 年，意大利托斯卡纳的拉德瑞罗第一次用地热驱动 0.75 马力的小发电机投入运转，并供 5 个 100 瓦的电灯照明，随后建造了第一座 500 千瓦的小型地热电站，后来逐年扩大。

地 热 发 电

地热发电常见有 3 种方式：蒸汽直接发电、闪蒸式发电和低温工质发电。

200℃以上的高温干蒸汽，适于直接发电。水蒸气经过分离器，除去固体杂质以后，直接通入汽轮机，以之带动发电机发电。这种电站成本低，建造费是一般大电站的 40%，而运行费则比水电还便宜一半，而且，不产生环境污染。

大部分地热井所喷出的都是在 150℃～200℃的湿蒸汽，它们在地下加热还不够充分，温度不够高，所以喷出后，一部分蒸汽会凝结成水滴。为此，在它们进入汽轮机之前，先经过一次减压蒸发，叫"闪蒸"，以便夹在蒸汽中的水滴，也都化为蒸汽，然后再进入汽轮机发电。由于经过了一次"闪蒸"，这一方式叫"闪蒸式发电"。

至于低温工质发电，则是利用正丁烷、异丁烷、氟利昂等低沸点工作质作为热传介质，以进行发电。这种方式适用于低温地热湿蒸汽和高温地热水的供热条件下。

地热发电也有不足之处，地热发电中最大的缺点是受地理条件的限制，也就是说，只有在具有地热资源的地区才能实现。此外，地热发电还往往会遇到地热汽，地热汽中含硫物质和其他杂质，这些成分对管道、设备会产生腐蚀、沉积等不良影响。

除了地热发电外，还应注意地热资源的综合利用。

早期，人们利用地热矿泉水治病，我国的藏族人民对此有很多研究。热水浴疗对在高原气候条件下的常见病和多发病，如风湿性或类风湿性疾病、瘫

地热浴疗

痪、哮喘、肠胃病等都有一定的疗效。

利用地热取暖在许多国家都已很普遍，最负盛名的是冰岛雷克雅未克的区域供热系统。其他国家如美国、俄罗斯、新西兰、日本、匈牙利和法国等，也广泛利用地热取暖，在这些国家，很多办公楼、商店、旅馆，乃至私人住宅，都有自己专用的地热蒸汽井。

利用地热建立温室对农业生产有很大的意义。1974 年，在海拔 4 000 米的西藏谢通门县，卡嘎热泉区建成了青藏高原上第一座地热温室，温室内终年郁郁葱葱，生机盎然，盛产西红柿、黄瓜、辣椒等新鲜蔬菜，并在温室内栽培西瓜获得成功。在冰岛、俄罗斯的高寒地区，恶劣的气候条件使得正常的耕作难以维持，但利用地热温室，可以栽培蔬菜和鲜花。

地热还用于一些大量用热的工业部门，如新西兰用地热造纸；冰岛用地热回收和加工硅藻土；意大利早在 18 世纪就建立了利用地热生产硼砂的工厂，并沿用至今。

地热资源储存有不同形式，在火山地区和深层的高温岩层中，滚烫的干热岩里既没有水，也没有蒸汽，怎样才能把它们的热量取出来呢？要知道，1 立方

地热温室

千米干热岩里所储存的能量，相当于一个产油 1 亿桶的大油田。可以想象，如果能把这些能量开采出来，那将会给人类带来多么大的便利。

美国科学家首先想出了好办法，而且进行了多次实验，那就是开凿人造热泉。

在探明地下有干热岩的地方，用特制的钻具往岩层深处打孔，一直钻到高温岩体中。有时孔要打到 6 000 米深，有时孔钻到 2 000~3 000 米就够了。这时就用水泵向孔里压入冷水，让水直达高温岩体，使热岩体遇冷裂开，水则在岩体裂缝中被加热。然后从打好的另一个孔中把热水抽出来。得到的热水被抽出后，立即形成高压蒸汽。利用这些蒸汽推动汽轮发电机就可以发出电来。

人 造 热 泉

美国曾建造了一座人造热泉发电厂，其发电能力为 5 万千瓦。另外，美国还钻了两眼深达 4 389 米的地热井，先把水泵入井内热岩层上，12 小时后再抽上来，这时水温高达 375℃。

日本在山形县最上郡大藏村实验场，通过管道每小时向深 2 200 米、270℃ 的地下岩体注入高压水 60 吨，使岩体产生裂缝，每小时可获得 9 吨蒸汽、27 吨热水。连续 1 个月从岩体引出 180℃ 蒸汽，驱动汽轮发电机发电。

现在，日本、德国、法国、英国等都在加紧开发干热岩发电技术。虽然还都处在实验阶段，但前途光明，沉睡在地下的能量将被唤醒而为人类造福。

但是地热的开发不是百益而无一害的，它也有污染。

从环境角度看，地热开发是会产生噪声的，而且，当蒸汽发电时，汽轮机运转也有很大的声响，也会产生噪声。

另一种地热导致的污染是热污染。地热发电后的废热水，排入环境后，会对环境产生不利的影响，如排入水中，会使水中含氧量减低，黏度增高，这样，就会对各种水生动植物产生影响，破坏原来的生态环境。如果排出的废热水中还含有其他的有毒物质如二氧化碳、硫化氢、氨等，污染会更为严重。

当然，这些污染是可以治理的，并不会影响到地热利用的大规模展开。迄

今为止，人类利用的地热还是很少的，这和地热资源惊人的储量是极不相配的。可以展望，地热会更多更好地为人类服务，到那时，地震、火山活动将不再可怕，它们会像一个大油田一样，为人类控制，并得到充分的利用。

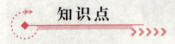

知识点

热 污 染

热污染是指现代工业生产和生活中排放的废热所造成的环境污染。热污染可以污染大气和水体。火力发电厂、核电站和钢铁厂的冷却系统排出的热水，以及石油、化工、造纸等工厂排出的生产性废水中均含有大量废热。这些废热排入地面水体之后，能使水温升高。

热污染首当其冲的受害者是水生物，由于水温升高使水中溶解氧减少，水体处于缺氧状态，同时又使水生生物代谢率增高而需要更多的氧，造成一些水生生物在热效力作用下发育受阻或死亡，从而影响环境和生态平衡。此外，河水水温上升给一些致病微生物造成一个人工温床，使它们得以滋生、泛滥，引起疾病流行，危害人类健康。

延伸阅读

西藏羊八井地热田

由于地球内部的构造十分复杂，地热资源在地球浅部的分布也很不均匀。只有那些地热资源比较丰富的"地热异常区"，才有开发价值，这样的地区叫做"地热田"。在这些地方，地下储存着大量的热水、蒸汽或热岩层，有重大的经济开采价值。

我国西藏羊八井地热田是世界罕见的地热田。它在海拔4 200米高的谷地上，两侧是 5 000 ~ 6 000 米的高山雪岭。这里有许多温泉（水温25℃ ~ 40℃）、热泉（水温高于40℃）和沸泉。其中一处沸泉直径有1.5米，水深1米，泉水的温度比当地水的沸点还高，水是沸腾的。谷地上还有喷发着热气的热水沼泽，星罗棋布，到处可见。

在海拔4 200米的西藏羊八井盆地上，有一个又大又深的热水湖。它的面积为 7 350 平方米，湖水深处有 16 米，水面温度高达46℃ ~57℃，湖面热气腾腾，水雾缭绕。从湖的出水口每天流走的热水就有 3 000 吨。

我国已在这里建立了大型地热电站，还利用余热建设蔬菜温室近 50 000 平方米。

来自火山的馈赠

尽管火山给人类带来种种危险，但火山地区对农民仍有极大的吸引力，因为那里的含有大量矿物质的土壤极其肥沃。在美国，有人到科罗拉多州淘金，有人到内华达州采银，有人到亚利桑那州觅铜。他们之所以能在那些地方采掘到贵重金属，不能不归功于火山的威力，是火山将埋藏在地下深处的贵金属带上了地表。

南极附近的埃里伯斯火山爆发时给这个白色大陆铺了厚厚一层用显微镜才能看到的纯金微粒。南非和西伯利亚地区的火山空洞已成为在高压高温下的岩浆里形成的金刚石的矿床。

中国的长白山天池，日本的富士山，还有美国的夏威夷群岛，都是曾发生过火山喷发的地方，然而现在这些地方风景秀丽，游人如织。"魔鬼的烟囱"被打扮成了美丽的山庄，迎接着南来北往的游人到那里观光、休憩。

古巴具有"世界糖罐"之称，它盛产甘蔗。中美洲的厄瓜多尔和东南亚的菲律宾又盛产大个儿的香蕉，这些国家的经济作物，都得益于极其肥沃的天然土壤——火山灰土壤。火山灰里具有多种有益的肥料成分，会给作物生长提供源源不断的廉价肥料。将来，也许"火山肥料"将永远是主要肥料，人们甚至可以在火山频发地区建立"火山肥料工厂"，把价廉物美的火山肥料运往世界各地，促进其他地区的作物生长。

　　然而，火山赐给人们的，除了肥沃的火山灰外，还有更为惊人的巨大的能源。在利用火山能源方面，冰岛人是很有办法的，他们常用"盖住火山口"的方法来取得能源。如果把将要喷发的火山比作在炉子上即将燃烧的一口盛油的铁锅，那么，防止油着火的最好办法是用盖子把锅盖住。

　　聪明的冰岛人想出了一个"釜底抽薪"的绝招，就好比在油锅中的油将要燃烧这一刹那，立即熄灭炉膛里的火，这样即使不用盖子，油也烧不起来了。具体办法是，在即将要喷发的火山口上，打上几口斜井，让积聚的能量分别从斜井中释放出来，于是灾难消除了，释放出来的能量还可用来发电，造福民众。冰岛人终于"盖"住了火山。火山也从根本上失去了猛烈喷发的可能，因为它借以喷发的能量已被一点一滴、一丝一缕地放逸出去了。

　　冰岛非常寒冷，人们用火山中释放出来的热量给居室送去暖气，甚至用火山的能量去做饭、烧水、沐浴，那岂不是一举两得吗？在冰岛，人们常常看到这样一种奇观：大大小小、形状各异的输能管从火山口附近的斜井里引出，曲曲折折地被送往千家万户，人们在四季如春的气温下舒适地生活，各种花卉四季吐艳，散发着迷人的芬香……威胁着冰岛人生存的火山竟然戏剧性地摇身一变，成了冰岛人的"能源宝库"。世界各国人民都戏称冰岛人是"玩火的冰岛人"。

　　就在冰岛人用"釜底抽薪"的方法来利用火山能量的同时，有人却想到了"引流"火山熔岩的绝妙方法。他们想，既然能将"薪"从"釜底"抽出，何不干脆直接将熔岩从地底引出，供人类利用呢？因此，1983年，在意大利西西里岛的埃特纳火山喷发口不远处，发生了惊心动魄的一幕：几道亮光划破天空，紧接着响起了"轰轰轰"三声巨响，浓烟消散之后，只见一股火山熔岩，像刚出炉的钢水，缓慢地从一个缺口处流入预先挖好的人工渠道。一条"火龙"沿渠道游向大海。这就是人类历史上首次用人工爆破方法改变火山熔岩流向的大胆尝试，它成功了。如果人们能够在火山周围预先挖好渠道供火山熔岩排泄，沿途充分利用火山熔岩的巨大能源，并减少熔岩的四处蔓延，这将是一项非常勇敢而有益的事业。

　　随着科学技术的发展，人们把更多更好的科学技术用到火山的开发和利用上之后，一定会把"火"玩得更明亮，更有魅力和新意。

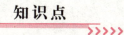

知识点

矿　床

　　矿床也叫矿体，是指地表或地壳里由于地质作用形成的并在现有条件下可以开采和利用的矿物的集合体。矿床是地质作用的产物。矿床的概念随着经济技术的发展而变化。19 世纪时，含铜高于 5% 的铜矿床才有开采价值，随着科技进步和采矿加工成本的降低，如今含铜 0.4% 的铜矿床也已被大量开采。矿石中常包括矿石矿物和脉石矿物两类矿物。矿石矿物是指能提供有用元素或本身可直接被利用的矿物；脉石矿物是指矿石中没有用处的那些矿物。随着技术和经济的发展，这种划分也是经常变化的。

延伸阅读

火山爆发的威力

　　美国的圣海伦斯火山在 1980 年连续发生过 4 次大爆发，仅第一次大爆发时喷出的火山灰和熔岩物就达 10 亿立方米。火山灰随气流一直扩散到 4 000 米以外的地方。当时，冲击波穿透云层，火山灰同气体在空中摩擦，产生了闪电、雷鸣和强烈的暴风雨，并发生了大规模山崩，使原火山的顶部被削去了 200 米。这次火山爆发所释放的能量，相当于美国在第二次世界大战中投放在日本广岛的原子弹能量的 2 500 倍。

　　有些火山在海底深处，它们一旦爆发，真是威力十足。1883 年印度尼西亚的克拉卡托火山爆发时，发出一声巨响，连远在 700 多千米以外的人都听到了。火山的烟尘直上云霄，被送到离海平面 48 千米以上的高空。爆发激发起的冲天海浪席卷万里海洋。面积为 75 平方千米的海岛在这次火山爆发中，几乎全被炸毁。

GHAO ZIRAN DE LILIANG

光　能
GUANGNENG

光能是以可见辐射的形式转换而来或转换成可见辐射形式的能量。它是由太阳、激光等发光物体所释放出的一种能量形式。在目前人类所知的光能中，太阳能是最常见、最重要的光能，也是最早被人类感知的一种光能。

太阳能可以说是地球上的"能源之母"，绝大多数能量都直接或间接来源于太阳能，例如风能、生物质能、化学能、海洋能等均来自于太阳能。人类对太阳能的认识和利用，不是一蹴而就的，而是逐步深化的，目前这种深化仍在进行中。

超级能量球——太阳

你能想象如果没有太阳，地球会有多冷吗？还会有生命存在吗？是太阳的光和热给了我们生命，给了我们生存和社会发展所需要的能源。

我们知道，在茫茫的宇宙太空里，太阳只不过是一颗距离我们最近的恒星，是一个熊熊燃烧的巨大气体球。它的表面温度达 6 000℃，比炼钢炉内沸腾的钢水温度还要高 3 倍。它的体积硕大无比，有 130 万个地球大。

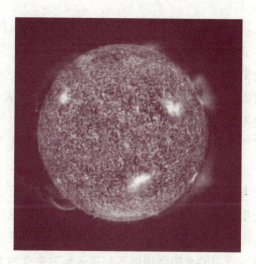

太阳是个熊熊燃烧的大火球

在太阳内部每时每刻都在进行着激烈的核聚变反应。太阳的中心部分主要由氢构成，保持着 2 000 万摄氏度的超高温、几千亿个大气压的超高压状态。在这种状态下，氢发生着聚变反应，即每 4 个氢原子核聚合成一个氦原子核，同时释放出大量的能量。这些能量之大，相当于 1 秒钟内爆炸 910 亿个百万吨级的氢弹。据估计，太阳上的这种核聚变反应已进行了 50 亿年，以后至少还能继续 50 亿年。

太阳不断向宇宙辐射巨大的能量，其中只有二十二亿分之一跑上 1.5 亿千米的路，来到地球上。可是，这些能量对我们来说，却大得惊人。我们把来自太阳的光和热叫做太阳能。

地球每天接收的太阳能，相当于整个世界一年所消耗的总能量的 200 倍。每年投射到我国的太阳能，相当于燃烧 1.2 万亿吨标准煤产生的热量。

要知道，太阳每年都向地球释放这么多能量，一年又一年永不间断。如果科学家的判断是正确的，太阳还将这样照射地球达五六十亿年，也许会更长。可以想象地球将获得多少太阳能。

如果追本溯源，今天人类使用的能源，几乎都来源于太阳能，可以说太阳是能源之源。

比如说，植物是利用太阳光、水和二氧化碳进行光合作用而生长的。植物是一部分动物的食物，有的植物也供我们食用。亿万年前的绿色植物死后埋入

地下形成了煤炭。几亿年前，海洋中依靠细小的绿色植物生存的微生物细胞埋入地下后变成了石油和天然气。所以说，今天我们烧的煤、石油和天然气都是很久以前的太阳光生产出来的。

辐射到地球表面的太阳光约有47%以热的形式被陆地表面和海洋所吸收，由于地面各处受热不均，大气的温差随之发生变化，促使空气沿地面流动而形成了风。由于有了太阳光才有了风，我们从而获得了风能，利用它来推帆助航、提水、发电……

太阳光还能使海水蒸发，蒸发出来的水蒸气聚集在天空，形成了云。在条件适合的时候，云中的微小水滴凝结成大水滴降落下来，这就是雨。雨水倾注到大地上，又汇入海洋。我们可以从江河的奔腾和瀑布的飞泻中获得能量。

不过，我们这里所说的太阳能指的不是这些经过演变的太阳能，而是指直接利用太阳的光和热。

太阳能具有再生性，不仅取用不尽，不用花钱去买，而且比任何能源都干净，现在世界上许多国家都在加紧开发和利用太阳能。

太阳能的总量虽然很大，可是分摊到地球表面每一小块面积上的光和热却不多。而且太阳有升有落，天气有晴有阴，季节有春夏秋冬的变化，太阳光有强有弱。要想利用太阳能为人类干活，也并非那么容易。所以在过去的千百年中，太阳能没能被很好地利用，直到现在还被称为新能源。

现在，人们越来越认识到太阳能的重要价值。特别是在当前世界各国面临能源日益紧缺的情况下，人们已把太阳能作为开发利用的现代主要新能源之一，因此，向太阳这个取之不尽的能源宝库索取能量实现人类历史上的能源变革，已成为今后能源开发的主要趋向。

随着科学技术的不断发展，人们对太阳能的利用也日益广泛和深入。现在，太阳能的利用已扩展到科学研究、航空航天、国防建设和人们日常生活的各个方面。

尽管人们对太阳能的开发利用方式如此丰富多样，然而直到目前为止，所利用的太阳能与太阳照射到地球上的能量相比，仅是沧海一粟，而且使用效率较低，规模也较小，致使大自然赐予的这种宝贵能源大部分损失掉了。

所以，用现代化方法大规模地开发利用太阳能，已成为摆在人们面前的一项重要任务。

知识点

恒　星

　　恒星是由炽热气体组成的，自己发光的球状或类球状天体。恒星距离我们很远，所以不借助于特殊的观望工具，采取一定的方法，很难发现它们在天上的位置变化（实际上它们是运动着的），因此古代人认为它们是固定不动的星体，因此称它们为恒星，太阳就是银河系中的一颗恒星。

　　在晴朗无月能见度高的夜晚，用肉眼大约可以看到 6 000 多颗恒星。借助于望远镜，则可以看到几十万乃至几百万颗以上，银河系中的恒星大约有1 500 亿~2 000 亿颗。

延伸阅读

太阳的组成成分和结构

　　组成太阳的物质大多是些普通的气体，其中氢是主体，约占 71.3%，氦约占 27%，其他元素约占 2%。太阳从中心向外可分为核反应区、辐射区和对流区、太阳大气。太阳的大气层，像地球的大气层一样，可按不同的高度和不同的性质分成各个圈层，从内向外分为光球、色球和日冕 3 层。光球就是我们平常所看到的太阳圆面，通常所说的太阳半径也是指光球的半径。光球层位于对流层之外，属太阳大气层中的最里层。光球的表面是气态的，密度极低，其平均密度只有水的几亿分之一，但厚度达到了 500 千米。色球是紧贴光球以上的一层大气。色球平时不易被观测到，厚约 8 000 千米，其化学组成与光球基本相同。光球顶部接近色球处的温度大约为 4 300℃，而到了色球顶部温度竟高达几万摄氏度。日冕是太阳大气的最外层。它的密度比色球层更低，而温度要比色球层高，可达上百万摄氏度。日冕的范围在色球之外一直延伸到有几个太阳半径的地方。太阳的核心区域半径约是太阳半径的1/4，但质量却要占整个太阳质量的一半以上。核心区发生的核聚变反应产生的大量能量通过辐射区和对流区物质的传递，得以传送到达光球的底部，并通过光球向外辐射出去。

人类对太阳能的利用

自古以来，人们就注意利用太阳能。早在几千年前，我们的祖先就曾用"阳燧"这种简单的器具向太阳"取火"，开辟了人类利用太阳能的新时代。

据说古希腊著名物理学家阿基米得曾用巨大的镜子聚集太阳光，一举烧毁了敌人的帆船队。然而，人们对太阳能的深刻认识和开发利用，直到20世纪中后期才真正开始。

1945年，美国贝尔电话实验室制造出了世界上第一块实用的硅太阳能电池，开创了现代人类利用太阳能的新纪元。

人们利用太阳能的方法主要有3种：

第一种是使太阳能直接转换成电能，即光电转换。太阳能电池就属于这种转换方式。

第二种是使太阳能直接转变成热能，即光热转换，如太阳能热水器等。

第三种是使太阳能直接转变成化学能，即光化学转换，如太阳能发动机等。

聚光式太阳灶

有一种聚光式太阳灶，像一把倒撑着的伞。这种太阳灶的反射聚光镜用涤纶膜做成，镜面涂上一层铝，显得特别光亮，焦点处的温度高达四五百摄氏度。我们把炊具放在焦点处，就可以做饭、炒菜、烧水。它相当于一个500瓦电炉。

由于太阳是不断移动的，这就要

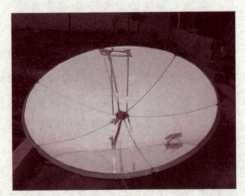

聚光式太阳灶

求聚光式太阳灶有跟踪太阳转的装置。简单的跟踪装置用手转动就可以了，也可以设置自动跟踪装置。

可以把聚光式太阳灶做成折叠式的，可折起又可张开，搬移、携带都非常方便。

我国研制了各式各样的太阳灶，在农村和边远地区使用很多。一台太阳灶每年可节约 500～600 千克柴草。

太阳能高温炉

聚光镜的数量越多，面积越大，获得的温度越高。这样可以制成太阳能高温炉，把太阳能变成高温热源。

1973 年，法国国家科研中心在南部比利牛斯山上的太阳能高温炉，建成了一座巨型太阳炉。其巨大的凹面反射镜由 9 000 块小反射镜组成，高 40 米，宽 54 米，面积为 1 900 平方米。输入太阳能量的功率为 1 800 千瓦，输出功率为 1 000 千瓦。距它 130 米处的山坡上有 63 面定日镜，共分 8 组。每个定日镜由 180 块平面镜组成。定日镜在计算机操纵下跟踪太阳，将阳光反射到凹面反射镜上，在焦点处形成直径为 30 厘米的光斑，最高温度可达 3 200℃。

太阳能高温炉可以用来冶炼珍贵的耐热材料，进行高温焊接等。由于太阳能高温炉的温度高，升温和降温快，因而是研制导弹、核反应堆等所需的高温材料和模拟核爆炸时高温区情况的比较理想的设备。

全世界已有 100 多座太阳能高温炉。我国设计的太阳能高温炉，已用来进行铂、铑—铂热电偶焊接、不锈钢板无填料对焊，以及热处理实验。

室内小太阳

有一种在反射式聚光太阳灶基础上进行改进的太阳能装置，可以把收集到的太阳光由光纤束导入室内，成为室内小太阳。这样，人们就能在室内直接利用太阳的热能和光能。

室内小太阳可以用于光线不足的房间和地下建筑照明，人们还可以在室内享受晒太阳的乐趣。

英国曼彻斯特机场的候机大厅内，安装了许多"阳光吊灯"，吊灯的光源百分之百使用太阳光，整个大厅沐浴在明亮、柔和的自然光中。聚集到吊灯里的阳光的功率相当于2千瓦，而使用电光源则需要8千瓦才能获得同样的照明效果。

日本东京在1988年建起了一幢六层楼房，却没有一个窗户。室内照明采用由37根光纤组成的光缆导入的太阳光。在这座楼的楼顶上，装有多面反射聚光镜，由计算机控制来跟踪太阳，像向日葵那样朝着太阳转，采集到的阳光则通过光缆传到大楼的每一个房间里，亮度相当于100瓦的灯泡的亮度，而且送入室内的阳光已滤去了阳光中的紫外线，对人体健康更有利。

室内小太阳，如果挂在利用地下空间建造的"植物工厂"里，那么，这里栽培的植物虽然长处地下，却能在阳光沐浴下茁壮成长。

太阳能热水器

太阳能热水器是利用热箱原理制作的一种太阳能热水器具。首先将太阳光能转变成热能，然后通过冷热水自然循环而得到热水。

太阳能热水器

20世纪70年代初，世界性石油涨价是促使太阳能热水器发展的一味"催化剂"。美、日两国分别销售了几亿美元的太阳能热水器。澳大利亚、希腊、以色列的许多地区，都广泛利用太阳能热水器为家庭供应热水。

许多国家都在研究开发新型的太阳能热水器。例如，奥地利已研制出一种新型太阳能热水器，它既是集水器又是蓄水器，不依赖阳光的方向。其球体外壳由玻璃制成，球体内部是一个中心固定的容量为30升的铬镍钢球。使用普通的蛇形管将冷水输入该装置内，由钢和玻璃球之间的一只高真空管（类似一只热水瓶）加热并保温。试验结果表明：在一般的阳光条件下，该装置在6小时内把水加热到74℃，在模拟的环境温度为18℃的12小时夜晚期间，水温降至40.2℃。

还有一种新颖的太阳能热电装置，它集太阳能供热和发电于一身，很有发展前途。另外，新发明的一种太阳能热电装置在结构架上装有轴对称的半圆柱状凹面反射屏，能高效率地将光线反射到聚焦线上，使其高度聚焦，形成条状高热区。

在上述高热区，有用透射材料制成的条形太阳能加热器，装在用导热材料制成的容器内，直接利用聚焦光线，能对食品进行烘烤和蒸煮。而且加入太阳能电池，利用聚焦光线产生电能。发电时，可在太阳能加热器的夹缝内通入冷水进行冷却。加热后的水则流入贮水箱，可供随时取用。

太阳能自行车

德国基尔技术学院开发出一种太阳能自行车。该车配有太阳能电源和一台直流电机，一旦阳光普照，时速可毫不费力地达到45千米。该车经科隆设计师亨利希·纳费尔德改进，在车把和行李架上装有太阳光收集器，为电机提供动力，从而使时速高达60千米。这两种车型均使用蓄电池贮存能量。即使太阳躲进云层，仍能照常行驶。

太阳能自行车

太阳能电池

要将太阳向外辐射的大量光能转变成电能，就需要采用能量转换装置。太阳能电池实际上就是一种把光能变成电能的能量转换器，这种电池是利用"光生伏打效应"原理制成的。光生伏打效应是指当物体受到光照射时，物体内部就会产生电流或电动势的现象。

单个太阳能电池不能直接作为电源使用。实际应用中都是将几片或几十片单个的太阳能电池串联或并联起来，组成太阳能电池方阵，便可以获得相当大的电能。

太阳能电池的效率较低、成本较高，但与其他利用太阳能的方式相比，它

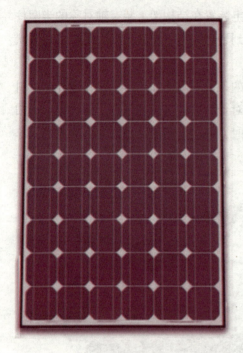

太阳能电池板

具有可靠性好、使用寿命长、没有转动部件、使用维护方便等优点，所以能得到较广泛的应用。

太阳能电池最初是应用在空间技术中的，后来才扩大到其他许多领域。

有了太阳能电池，就为人造卫星和宇宙飞船探测宇宙空间提供了方便、可靠的能源。1958 年，美国就发射了第一颗由太阳能供电的"先锋 1 号"卫星。

据统计，世界上 90% 的人造卫星和宇宙飞船都采用太阳能电池供电。美国已于近来研究开发出性能优异的太阳能电池，其地面光电转换率为 35.6%，在宇宙空间为 30.8%。澳大利亚用激光技术制造的太阳能电池，在不聚焦时转换率达 24.2%，而且成本较低，与柴油发电相近。

在太阳能电池中，通常还装有蓄电池，这是为了保证在夜晚或阴雨天时能连续供电的一种储能装置。当太阳光照射时，太阳能电池产生的电能不仅能满足当时的需要，而且还可提供一些电能储存于蓄电池内。

卫星和飞船上的电子仪器和设备，需要使用大量的电能，但它们对电源的要求很苛刻：既要重量轻，使用寿命长，能连续不断地工作，又要能承受各种冲击、碰撞和振动的影响。而太阳能电池完全能满足这些要求，所以成为空间飞行器较理想的能源。

通常，根据卫星电源的要求将太阳能电池在电池板上整齐地排列起来，组成太阳能电池方

太阳能电池方阵

阵。当卫星向着太阳飞行时，电池方阵受阳光照射产生电能，供应卫星用电，并同时向卫星上的蓄电池充电；当卫星背着太阳飞行时，蓄电池就放电，使卫星上的仪器保持连续工作。

我国在 1958 年就开始了太阳能电池的研究工作，并于 1971 年将研制的太阳能电池用在我国发射的第三颗卫星上，这颗卫星在太空中正常运行了 8 年多。

太阳能电池还能代替燃油用于飞机。世界上第一架完全利用太阳能电池做动力的飞机"太阳挑战者号"已经试飞成功，"太阳挑战者号"共飞行了 4.5 小时，飞行高度达 4 000 米，飞行速度为每小时 60 千米。在这架飞机的尾翼和水平翼表面上，装置了 16 000 多个太阳能电池，其最大能量为 2.67 千瓦。它是将太阳能变成电能，驱动单叶螺旋桨旋转，使飞机在空中飞行的。

"太阳挑战者号"太阳能飞机

太阳能飞机自诞生以来，性能越来越先进了。美国制成的"探索者号"太阳能飞机，机翼有 74 平方米，上面装有许许多多轻型硅太阳能电池，并采用了新型节能螺旋桨。这架飞机在 1995 年做高空试飞时，竟飞到了 2 万米高空。它能对环境进行监测，还能跟踪风暴。

由美国研制的"引路者号"太阳能无人驾驶飞机，可以用来警戒大气层内飞行的短程弹道导弹，能在战区上空连续飞行几个星期，甚至几个月，探测进犯的导弹，并能发射小型导弹。

以太阳能电池为动力的小汽车，已经在墨西哥试制成功。这种汽车的外形像一辆三轮摩托车，在车顶上架了一个装有太阳能电池的大篷。在阳光照射

以太阳能为动力的汽车

下，太阳能电池供给汽车电能，使汽车以每小时 40 千米的速度向前行驶。

1984 年 9 月，我国也试制成功了太阳能汽车"太阳号"，这标志着我国太阳能电池的研制已经达到了国际先进水平。此外，我国还将太阳能电池用于小型电台的通讯机充电上。当在野外工作无交流电源可用时，就可启用太阳能电池小电台充电器。这种充电器使用方便，操作简单，因而深受用户欢迎。

利用太阳能驱动船行驶，既可以节省燃料，既又可以减少污染。很多国家对研制这种船有着浓厚的兴趣。

世界上第一艘用太阳能做动力的船，是 20 世纪 90 年代初由德国希利赫·海维克船厂建造的"莎丽丝塔号"游艇。这艘船的船体和舱室是用高性能玻璃纤维板制作的。太阳能电池板由 720 个太阳能电池组成，面积 9 平方米，制成平台形铺在船舱顶上，人可以在上面行走，也可以像一般船的甲板那样承受载荷。太阳能电池板能提供 1 千瓦功率，和一个受微型电子计算机控制的直流转换器相连，以便保证它一直产生可能的最大功率，而不受气候条件和蓄电池充电的影响。这艘太阳能船是用导管推进器推进的，一般每小时能在海上航行 5 海里。在强烈的阳光下，它想航行多长时间都可以；在没有太阳时，它靠蓄电池储存的电可以持续航行 6 小时。

在美国亚特兰大市，为举办第 26 届奥运会而修建的游泳和跳水比赛馆，用的就是世界上最大的太阳能电池屋顶。这个屋顶上装有 2 800 块太阳能电池，把太阳光转换为电能，为有 1 万个座位的体育馆提供所需要的电。

在发达国家中，一些漂亮的郊外别墅的屋顶上也开始出现太阳能电池发电装置。

德国为了推广使用太阳能，推行了"1 000 个屋顶计划"，每个屋顶上安装 1 000～5 000 瓦太阳能电池发电装置，以供给住宅的用电需要。日本则实施了"70 000 个屋顶计划"，安装太阳能电池系统的 70 000 户人家，安装费用的一半将由政府支付，以鼓励更多人家在屋顶上安装太阳能电池板，使用太阳能屋顶电源。

安装在屋顶上的太阳能电池板，在阳光下会把光能转换成电能，经过逆变器转换成交流电，供给家用电器使用。可是人们在白天用电不多，必须配备蓄电池，把多余的电贮存起来，留到

太阳能屋顶

晚上或阴雨天使用。也可以与电网相联，将太阳能电池板在白天发出的多余的电"贮存"到电网中，就能随取随用。

随着一些国家屋顶计划的实施，促进了太阳能电池组件与建筑物一体化的研究。在建筑物的屋顶、向阳面的墙壁和窗户等表面装上太阳能电池，既可作为建筑和装饰材料，又能为建筑物提供电力。

在日本，有人设计出一种太阳能屋瓦，和普通的屋瓦看上去很相似，但它是一种可以把太阳能转换成电能的装置，既做屋瓦遮蔽风雨，又能产生电力，供家里的空调使用。

德国设计师研制出一种太阳能装饰砖，每块砖内都嵌有太阳能电池。在装修施工时，它们被连在一起，整个一座大楼的墙面成了巨大的太阳能"电池板"。在阳光照耀下，把太阳能转换成电能，供这座楼里的人们使用。还可以配上一套储能装置，把白天多余的电储存起来，等到夜晚使用，即使到阴天，也不会停电。

随着科学技术的发展，太阳能电池广泛普及的日子一定会到来。到那时，家家户户的屋顶、窗户、墙都安上太阳能电池，一幢幢建筑物都成了小小太阳能电站，人们烧饭、取暖、照明，使用家用电器，全都靠太阳帮忙，我们的住宅就实现"太阳能化"了。

太阳能电池在电话中也得到了应用。有的国家在公路旁的每根电线杆的顶

端，安装着一块太阳能电池板，将阳光变成电能，然后向蓄电池充电，以供应电话机连续用电。蓄电池充一次电后，可使用 26 个小时。现在在约旦的一些公路上，已安装有近百台这种太阳能电话。当人们遇有紧急事情时，可随时在公路边打电话联系，使用非常方便。

由于太阳能电话安装简单，成本较低，又能实现无人管理，还能防止雷击，所以很多国家都相继在山区和边远地带，特别是沙漠和缺少能源的地区，安装了许多以太阳能电池为电源的电话。

芬兰曾经制成一种用太阳能电池供电的彩色电视机。它是通过安装在房顶上的太阳能电池供电的，同时还将一部分电能储存在蓄电池里，供电视机连续工作使用。

太阳能电池很适合作为电视差转机的电源。电视差转机是一种既能接收来自主台的电视信号，又能将这种信号经过变频、放大再发射出去的电视转播装置。我国地域辽阔，许多远离电视发射台的边远地区收看不到电视节目，就需要安装电视差转机。但是，电视差转机一般都建在高山上，架设高压输电线路供电很困难，投资很高，所以最适合使用太阳能电池供电。电视差转机使用太阳能电池做电源，既建设快捷、投资节省，而且维护使用方便，还可以做到无人指导管理。目前，我国许多地方已建成用太阳能电池做电源的电视差转台，很受人们欢迎。

正是由于太阳能电池具有许多独特的优点，因而其应用十分广泛。从目前的情况来看，只要是太阳光能照射到的地方都可以使用，特别是一些能源缺少的孤岛、山区和沙漠地带，可以利用太阳能电池照明、空调、抽水、淡化海水等，还可以用于灯塔照明、航标灯、铁路信号灯、杀灭害虫的黑光灯、机场跑道识别灯、手术灯等，真可以说是一种处处可用的方便电源。

太阳能电站

太阳能电站通常指的是太阳能热电站。这种发电站先将太阳光转变成热能，然后再通过机械装置将热能转变成电能。

太阳能电站能量转换的过程是：利用集热器（聚光镜）和吸热器（锅炉）把分散的太阳辐射能汇聚成集中的热能，经热换器和汽轮发电机把热能变成机械能，再变成电能。

太阳能电站

　　它与一般火力发电厂的区别在于，其动力来源不是煤或燃油，而是太阳的辐射能。一般来说，太阳能电站多数采用在地面上设置许多聚光镜，以不同角度和方向把太阳光收集起来，集中反射到一个高塔顶部的专用锅炉上，使锅炉里的水受热变为高压蒸汽，用来驱动汽轮机，再由汽轮机带动发电机发电。

　　另外，太阳能电站的独特之处还在于电站内设有蓄热器。当用高压蒸汽推动汽轮机转动的同时，通过管道将一部分热能储存在蓄热器中。如果在阴天、雨天或晚上没有太阳光时，就由蓄热器供应热能，以保证电站连续发电。

　　1982 年，美国建成了一座大型塔式太阳能热电站，这座电站用了 1 818 个聚光镜聚集太阳光，发电能力为 10 000 千瓦。过程是利用太阳能把油加热，再用高温油将水变成蒸汽，利用蒸汽来推动汽轮发电机发电。

　　太阳能热电站不足之处在于：一是需要占用很大地方来设置反光镜；二是它的发电能力受天气和太阳出没的影响较大。虽然热电站一般都安装有蓄热器，但不能从根本上消除影响。

　　因此，人们设想把太阳能热电站搬到宇宙空间去，从而能使热电站连续不断地发电，满足人们对能源日益增长的需要。

　　把太阳能热电站搬到宇宙空间去是美国科学家在 1968 年曾提出的一个大胆设想。经过各国科技工作者的研究和实验，人类把太阳能热电站搬到宇宙中去的那一天快要到来了。

日本曾设计了太阳发电卫星 SPS—2000。这个电站是个每边约 300 米的三角形柱，朝上两面粘贴太阳能电池，下面安装微波送电天线。太阳能电池板共有 180 块，上面装着许许多多太阳能电池，把捕捉到的太阳光转换成电。然后靠得力的"传递员"——微波，把电传送到地面上。

微波是一种波长极短的无线电波，能穿云破雾，直达地球。太阳能电池产生的电，通过微波发生器转换成微波，用微波发射天线发回地面，由地面接收天线接收后，再把微波转换成电流，供我们使用。

太空太阳卫星电站想象图

太空太阳卫星电站的建设将由机器人来干。机器人在卫星上把太阳能电池板安装在设计好的位置上，然后还要负责设置送电天线。干完这些活儿以后，它们还要担负起太阳能电站的太阳能电池替换和日常的维修工作。

一般的设计是把发电卫星送到距地面 36 500 千米高的静止轨道上。

把一个庞然大物送上宇宙太空可不是件容易的事。可利用多级火箭分批发射部件，然后在太空进行组装。

科学家估计，在不远的将来，将有上百个太阳卫星电站高悬太空。它们将昼夜不停地向地面输送强大的电力。那时，人类就不必再为缺少能源而发愁了，希望人类的这一梦想早日变为现实。

GHAO ZIRAN DE LILIANG

行星消融器

反射聚光镜将被应用到宇宙空间的一种反射镜系统中，这是科学家的最新设计。太阳光反射系统由航天飞机或火箭发射到太空。一旦发现有小行星飞来，它能把阳光聚焦到飞向地球的小行星上，使小行星表面温度高达 $1\,000\,℃\sim 2\,000\,℃$。于是冰雪融化，产生炽热喷气流，其反作用力使小行星离开原来的运行轨道，避免同地球相撞。

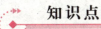

知识点

硅太阳能电池

太阳能电池主要是以半导体材料为基础，其工作原理是利用光电材料吸收光能后进行光电转换反应；太阳能电池有多种，硅太阳能电池是常见的一种，是指以硅为基体材料的太阳能电池。硅是一种半导体材料，按硅材料的结晶形态，硅太阳能电池可分为单晶硅太阳能电池、多晶硅太阳能电池和非晶硅太阳能电池。

延伸阅读

太阳能发电方式

太阳能发电有两种方式，一类是利用太阳光发电，也称太阳能光发电；另一类是利用太阳热发电，也称太阳能热发电。

太阳能光发电是将太阳能直接转变成电能的一种发电方式。它包括光伏发电、光化学发电、光感应发电和光生物发电 4 种形式。太阳能热发电是先将太阳能转化为热能，再将热能转化成电能。它有两种转化方式：一种是将太阳热

能直接转化成电能，如半导体或金属材料的温差发电、真空器件中的热电子和热电离子发电、碱金属热电转换，以及磁流体发电等。另一种方式是将太阳热能通过热机（如汽轮机）带动发电机发电，与常规热力发电类似，只不过是其热能不是来自燃料，而是来自太阳能。

神奇的激光能

激光是 20 世纪以来，继原子能、计算机、半导体之后，人类的又一重大发明，被称为"最快的刀"、"最准的尺"、"最亮的光"和"奇异的激光"。它的亮度为太阳光的 100 亿倍。

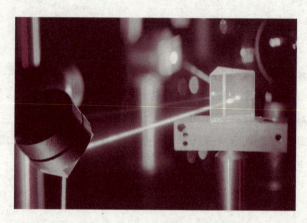

激　光

它的原理早在 1916 年已被著名的物理学家爱因斯坦发现，但直到 1958 年激光才被首次成功制造。激光是在有理论准备和生产实践迫切需要的背景下应运而生的，它一问世，就获得了异乎寻常的飞快发展，激光的发展不仅使古老的光学科学和光学技术获得了新生，而且导致整个一门新兴产业的出现。激光可使人们有效地利用前所未有的先进方法和手段，去获得空前的效益和成果，从而促进了生产力的发展。

激光的最初的中文名叫做"镭射"、"莱塞"，是它的英文名称 LASER 的音译，意思是"受激辐射的光放大"。1964 年我国科学家钱学森建议将"光受激发射"改称"激光"。

激光就是"受激辐射"，它基于爱因斯坦提出的一套全新的理论。这一理论是说在组成物质的原子中，有不同数量的粒子（电子）分布在不同的能级上，在高能级上的粒子受到某种光子的激发，会从高能级跳到（跃迁）低能级上，这时将会辐射出与激发它的光相同性质的光，而且在某种状态下，能出现一个弱光激发出一个强光的现象。这就叫做"受激辐射的光放大"，简称激光。

激光主要有四大特性：定向发光、亮度极高、颜色极纯和能量密度极大。

定向发光　普通光源是向四面八方发光的。激光器发射的激光，天生就是朝一个方向射出，光束的发散度极小，大约只有 0.001 弧度，接近平行。

亮度极高　在激光被发明前，人工光源中高压脉冲氙灯的亮度最高，与太阳的亮度不相上下，而红宝石激光器的激光亮度，能超过氙灯的几百亿倍。

颜色极纯　光的颜色由光的波长（或频率）决定。一定的波长对应一定的颜色。太阳光的波长分布范围约在 0.76 微米至 0.4 微米之间，对应的颜色从红色到紫色共 7 种颜色，所以太阳光谈不上单色性。发射单种颜色光的光源称为单色光源，它发射的光波波长单一。激光就是一种单色光源。

能量密度极大　激光能量并不算很大，但是它的能量密度很大（因为它的作用范围很小，一般只有一个点），短时间里聚集起大量的能量，用做武器也就可以理解了。

激光在医学上的应用主要分 3 类：激光生命科学研究、激光诊断、激光治疗，其中激光治疗又分为：激光手术治疗、弱激光生物刺激作用的非手术治疗和激光的光动力治疗。

激光武器是一种利用定向发射的激光束直接毁伤目标或使之失效的定向能武器。根据作战用途的不同，激光武器可分为战术激光武器和战略激光武器两大类。

精准的激光武器

武器系统主要由激光器和跟踪、瞄准、发射装置等部分组成，目前通常采用的激光器有化学激光器、固体激光器、CO_2激光器等。

　　激光武器具有攻击速度快、转向灵活、可实现精确打击、不受电磁干扰等优点，但也存在易受天气和环境影响等弱点。

　　激光武器的关键技术也已取得突破，美国、俄罗斯、法国、以色列等国都成功地进行了各种激光打靶试验。低能激光武器已经投入使用，主要用于干扰和致盲较近距离的光电传感器，以及攻击人眼和一些增强型观测设备；高能激光武器主要采用化学激光器。

激光切割

　　经过几十年的发展，激光现在几乎是无处不在，它已经被用在生活、科研的方方面面：激光针灸、激光裁剪、激光切割、激光焊接、激光淬火、激光唱片、激光测距仪、激光陀螺仪、激光铅直仪、激光手术刀、激光炸弹、激光雷达、激光枪、激光炮……在不久的将来，激光肯定会有更广泛的应用。

知识点 >>>>>>

能　级

　　能级是指微观粒子系统（如原子、离子、分子等）所具有的确定的内部能量值或状态。能级理论是一种解释原子核外电子运动轨道的一种理论。它认为电子只能在特定的、分立的轨道上运动，各个轨道上的电子具有分立的能量，电子可以在不同的轨道间发生跃迁，电子吸收能量可以从低能级跃迁到高能级或者从高能级跃迁到低能级从而辐射出光子。

延伸阅读

激光的首次获取

1958 年，美国科学家汤斯在做实验时发现了一种神奇的现象：将氖光灯泡所发射的光照在一种稀土晶体上时，晶体的分子会发出鲜艳的、始终会聚在一起的强光。根据这一现象，他们提出了"激光原理"，即物质在受到与其分子固有振荡频率相同的能量激发时，都会产生这种不发散的强光。汤斯为此发表了重要论文，并由此肖洛未获 1964 年诺贝尔物理学奖。汤斯的研究成果发表之后，各国科学家纷纷提出各种实验方案，但都未获成功。1960 年 5 月，美国加利福尼亚州休斯实验室的科学家梅曼宣布获得了波长为 0.694 3 微米的激光，这是人类有史以来获得的第一束激光，梅曼因而也成为世界上第一个将激光引入实用领域的科学家。1960 年 7 月 8 日，世界上第一台激光器诞生。

北极光的启示

北极光是一种神奇的却又是自然的光，但在古代却被视为神秘的现象。

北极附近从秋天开始，太阳就一落不起，在整个冬天都是漫漫长夜，到了仲春，太阳才慢慢地在地平线上出现，北—东—南—西地绕着圈子走，越绕越高，最后再不下落，"永昼"来了。或者说，那里是半年的白天，半年的黑夜。

就在这长长的"永夜"里，伴随着冰雪严寒和偶尔出没的白熊，北极光在天空里突然出现了"红的、紫的"颜色，像长蛇，像飘带，曲折扭动，忽亮忽暗，变幻不定，美丽异常，给北极这个寂寞的空旷之地平添了许多瑰丽的美景。

北极光不仅在北极，偶尔也在高纬度地区出现，它飘忽在挂满白雪的松柏树上空，把树木、房屋的轮廓从黑暗中衬托出来，美丽之中又添几分诡异。

诡秘的北极光

在极个别情形下，北极光甚至会向南扩展到我国的北方地区。

那么，神奇的北极光究竟是什么东西呢？

一位聪明的科学家通过一个非常有趣的实验，说明了这个问题。

他建造了一个真空室，在真空室的一端安上了一个能够放电的金属阴极，代表太阳。而在真空室的另一端，他安上了一个磁化的钢球，代表地球。钢球的南北两个磁极，代表地球的南北极。

当真空室里的大部分空气被抽走之后，他在阴极和钢球之间加上高电压，于是，真空室里开始放电。这时，很神奇，在代表地球的钢球南北极的上空出现了明亮的放电光晕——"北极光"。

原来，高电压使真空室里残余的少量空气产生了电离，电离产生的一些带电的气体离子和电子，按照异性相吸的原理各自奔向两个电极，如果"地球"没有磁场的话，这些带电粒子就会直接打在"地球"表面上，然而，磁化了的"地球"所带的强磁场，却使离子流偏离了原来的方向，并且被约束在磁力密集的南北极"上空"，形成了辉光放电。

实际上，这才是真正的北极光的来源。

原来，太阳表面的高温使许多气体电离并且蒸发形成了一股向周围空间高速喷射的粒子流，称作"太阳风"。太阳风很稀薄，平常看不见而且感觉不到，但它"吹"到地球附近时，其中的带电粒子却受到地球磁场的影响，改变了原来直线前进的方向，在南北极上空形成一个高速的"旋涡"。当它和地球高空稀薄的气体，如氧、氮、水分子等相互碰撞时，便发出了明亮奇幻的"北极光"。

北极光的例子告诉我们：凡是带电粒子，如果在前进中间遇到了磁场，它就会被磁场偏转；如果磁场足够强，它就会绕磁场转圈，磁场逾强，转的圈子就逾小。

我们知道，所有的物质都是由原子组成的，聚变原料氢、氘等当然也不例外。在常温条件下，原子是不带电的，也就是说，原子核的正电荷和核外电子的负电正好相抵消，但是当温度升到千万摄氏度乃至亿摄氏度以上时，情形就很不一样了。这时每个原子热运动的速度都非常之快，达到了每秒几千千米乃至几万千米的速度，这样疯狂的速度加上频繁的、猛烈的碰撞，使得绝大多数的原子都被撞碎了，成为一些带正电的离子和游离出来的等离子体。它的特点是每一个成员不但跑得飞快，而且都带电，因而，它们和太阳风一样，就会被磁场抓住，被"拘"在磁场里跳起圆圈舞而不能四散奔逃。这样，磁场不就像一个看不见的"炉壁"一样，把处在几千乃至亿摄氏度下的物质——等离子体拘住了吗？

实际上，磁场本身比这还大，依靠的不是静止而是快速运动变化的磁场，还可以对等离子体进行加热或压缩。所以，在这里，"炉子"的概念完全变了，变得不是用耐火材料砌的、我们熟悉的炉子，而是用磁场"做"的、变化多端、无法用眼睛看到的"炉子"。说无法用眼睛看到也不完全对，因为用眼睛能看到用来产生磁场的、巨大的电磁线圈，将等离子体与外面空气隔开的真空室等设备，它们组合成一个庞大的环形装置，这就是目前最先进的、用来征服高温等离子体、研究受控核聚变反应的"托卡马克"反应器。当然，在不同的国家里，它们又被叫成不同的名字，在我国西南物理研究院的一台，我们把它叫做"中国环流器一号"。

北极光是一种变换了形式的太阳能，它也拥有巨大的能量，但到目前为止，我们对这种能量还无能为力，无法捕捉到，更别说是利用它为人类服务，不过，科学家已经开始关注了，相信随着研究的不断深入，总有一天，人类会完全破解北极光的奥妙，并能成功地让它为人类服务。

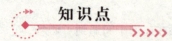 知识点

电　离

原子是由原子核及其周围的带负电的电子所组成的，而原子核由带正电的质子和不带电的中子组成，由于质子所带的正电荷数与电子所带的负电荷数相等，所以原子对外显现中性。所谓电离，就是原子受到外界的作用（如被加速的电子或离子与原子碰撞）时使原子中的外层电子摆脱原子核的束缚而脱离原子成为带一个或几个正电荷的离子的过程。比如，地球大气层中的电离层里的粒子就是在宇宙中的高能射线的作用下，电离成了带电的粒子。

 延伸阅读

北极光的传说

相传在很久很久以前，黑龙江漠河一带，居住着一对老两口儿。两位老人没有儿女，他们常到月牙湖边的一座龙王庙烧香拜佛祈求上天赐给他们一儿半女。两位老人的虔诚感动了从天宫前来月牙湖洗浴的王母娘娘的七个丫鬟。她们投胎下凡，变成了这两位老人的七个女儿。王母娘娘得知七个丫鬟逃离天宫投胎下凡的消息后，顿时大怒，马上派火龙去捉拿她们。火龙来到人间后，不但焚烧了两位老人和他们七个女儿的房屋，还烧死了那对老夫妻。无助的七姐妹只好到观世音菩萨那里去求助，用观世音菩萨赐给的一个宝瓶把火龙击入水中。七姐妹战胜了火龙后，为了纪念这个日子，每年的夏至，都要到月牙湖去洗澡以表示庆祝。在夏至的这一天，七姐妹在月牙湖里借着宝瓶的银光从早上一直洗到晚间。到了晚上，她们身上的彩绸和宝瓶的光碰到一起时，便会发出

一股奇特的光，后人就把这种"光"称为"北极光"。

大放异彩的"冷光"

在漆黑漆黑的大海深处，有几只深海乌贼在游动，它们的身上同时发出几种不同颜色的光——白光、蓝光、青光、红光，扑朔迷离，令人目不暇接。

这种乌贼遇到敌人时，并不喷射墨汁，而是喷射出一种能发光的液体，在海水中形成"光幕"，追猎的敌人往往被这种突如其来的亮光弄得晕头转向，不知所措……

夏夜，繁星点点，一只只萤火虫飞来飞去。它们的尾部一会儿亮，一会儿暗，仿佛是一盏盏闪亮的"小灯"……

大西洋的海底有一种名叫海洋羽毛的海洋生物，它的长相酷似一根长长的钓鱼竿。"鱼竿"的一头插在洋底的淤泥里，另一头顶着一只生有触手的"圆碟"。突然间，"鱼竿"和"圆碟"发出蓝色的荧光，原来，是猎物光临了……

飞舞的萤火虫

乌贼、萤火虫和"海洋羽毛"为什么会发光？它们发出的又是什么光？科学家告诉我们，发光生物是为了捕食、逃避敌害和吸引配偶才发光的。

总而言之，它们是为了自己的生存才发光的。

发光生物借助于自身的能量发出光来，这种发光过程其实是一种化学反应。由于在这个过程中化学能直接转化成了光能，所以它的发光效率几乎接近100%，只放出极少量的热，这种光因而被称作冷光。

近年来，人们开始从不同的角度研究萤火虫，深入探索其发光机理，以便仿制和应用这种神秘之光，造福人类。科学家们已经发现，萤火虫的发光器官

113

位于腹部的后侧，它由透明的表皮、发光组织及其反射层组成。发光细胞内含有荧光素和荧光素酶，荧光素在荧光素酶的作用下发生氧化，并发出耀眼的光芒。进一步研究后科学家又发现，萤火虫的荧光素在发光时，一个荧光素分子只能释放出一个光子。荧光素酶能使荧光素百分之百地变成光能，荧光不含红外线、紫外线，波长约为 560 纳米，光温在 0.001℃以下，是一种名副其实的"冷光"。

有氧气的时候，在荧光素酶的催化下，荧光素与氧结合，释放出能量，再传递给荧光素酶，使之受激化而发出光来。这样，荧光素就不断地氧化成氧化荧光素，氧化荧光素经萤火虫体内的三磷腺苷提供能量，又将氧化荧光素还原成荧光素，荧光素又可继续起作用而发出亮光。如此反复，"冷光"就源源不断地发出来了。

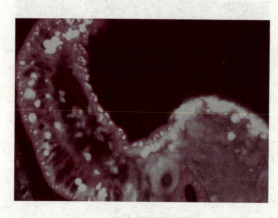

发 光 细 菌

有些细菌能发出蓝绿色或黄绿色的光，我们叫它发光菌。发光菌如果寄生在鸭蛋上，鸭蛋也会发光。有关鸭蛋发光的奇异现象，早在 11 世纪时的北宋时期，我国杰出科学家沈括的《梦溪笔谈》中就曾有过记载。在 1980 年，我国有关科学刊物上也报道了江苏省射阳县一位农民发现发光鸭蛋的趣事。

发光菌不仅能寄生在动物上，也能附生在植物上（如柳树根、烂木头等）。江苏省丹徒县一位老大娘曾发现村边的一棵老柳树夜间发光，并用这棵发光柳树的根治好了长期治疗无效的腹痛症。我国科学工作者对发光柳树进行了研究，并分离出了一种发光真菌——假蜜环菌，人们都称假蜜环菌为"亮菌"。

有些毒蘑菇也能发光。我国 1000 多年前唐代的《本草拾遗》中便记载有："夜中有光者有毒。"在日本，有一种毒蘑菇叫日本平菇，菌丝和子实体都能发出很强的光。如果把 10 只这种蘑菇堆在一起，它所发出的光，在夜间足可看清书报。这种菌类丛生于山林深处的山毛榉树上，使山林犹如沐浴在月光之下，因此，当地人又管它叫月光蘑菇。第二次世界大战时，受到灯火管制的日本，曾使用这类发光菌来代替电灯照明。

用菌制成"菌灯"，世界上许多地方都有记载。但是，制作菌灯最有名者要算是法国生物学家杜波依斯了。他制作的菌灯，在1900年巴黎博览会上大放异彩。不过，他用的不是发光蘑菇，也不是发光真菌的菌丝体，而是比真菌更小的细菌培养物。他把发光细菌用营养液培养两天，然后用离心机除去清液，将沉淀下来的菌体涂抹在玻璃瓶内壁，就制成了蓝光闪闪的"菌灯"。

在拉丁美洲加勒比海北部的大巴哈岛上，有一个非常奇妙的湖。每当清风徐来，夜色朦胧之时，人们泛舟湖上，随着船桨的划动，湖面上便形成一片闪闪发光的水波，从桨上滴落下来的无数水珠也发出粼粼碧火，仿佛晶莹剔透的明珠掉进了湖里。尤为奇特的是，此时船的周围也飞起美丽的火花。站在岸边向湖面望去，只见桨儿起落，火花飞舞，

火　湖

闪动着的碧火忽明忽暗，就像天上繁星撒落湖面，真是蔚为壮观。难怪人们把这个湖叫做"火湖"。

这种奇异的自然景象在茫茫大海里更是司空见惯，夜航的船员和渔民有时会看到巨轮行驶过的海面上，亮起一道道闪闪发光的水波。那奔腾的海浪犹如一条条火舌，令人眼花缭乱。灿烂的火花织出的一幅幅美丽的画卷，使浩瀚的海洋更加充满神奇的色彩，这就是所谓的"海火"或"海光"。

为什么有的湖和海会发光呢？原来在这些湖泊和海洋里生活着许多特有的发光生物。这些发光生物中有大型的鱼虾，也有为数众多、繁衍迅速、个体微小的甲藻、放射虫和细菌。当它们成群结队地在水面上密集出现时，一旦受到船尾螺旋桨的搅动或波浪的冲击等外界刺激，就会大放光芒。

海洋细菌的发光率和陆地上的萤火虫一样，是很高的，大大超过一般的蜡烛、白炽灯和日光灯。将经过离心沉淀的0.2克发光细菌培养物，用1万倍的

海水稀释，则所发出的光在夜间可使面对面的两人彼此看清对方的脸，并能在离此光源 1 米的地方读书看报。若把新鲜海萤（一种生活在海洋底部的甲壳动物）放在低温下迅速干燥，研成粉末，使所含的荧光素和荧光素酶不受破坏，便能保持多年。只要把这种粉末加水湿润，它就会立即发光。过去曾有人利用这种发光粉末在军舰上阅读文件。

科学家们已成功地从萤火虫的发光细胞中分离出荧光素和荧光素酶，并向萤火虫"取经"，模拟生物发光的机理，用化学方法人工合成了荧光物质，得到了类似于荧光的冷光。

意大利一家公司研制出一台名叫"法宝"的新颖台灯。这是首次利用冷光系统设计而成的台灯。该灯独具匠心，小巧玲珑，性能卓越，已取得世界性的专利。由于这种生物灯毋需电源、电线，不用灯泡，它发出的光色彩柔和，适于人的视觉，且不产生热量，因此，在易爆物质的贮存库和充满一氧化碳、氢气等易燃易爆气体的矿井里，尤其是在化学武器贮存库和弹药库里，它是最安全的照明设施。如果把这种灯用于战场，作为军官们夜间查看地图、资料用的战地灯，那也是再好不过了。它不仅携带、使用起来十分方便，而且隐蔽性好，不易暴露目标，即使敌人使用红外微光夜视侦察仪和热成像探测器，在它面前也将变成"瞎子"。

又由于冷光源不产生磁场，在排除磁性水雷或深海作业时，它是一种理想的供蛙人用的照明灯具。

人类对冷光的研究和利用，只是刚刚揭开帷幕，大放异彩的冷光时代还在后面。

 知识点 〉〉〉〉〉

荧光素和荧光素酶

荧光素是在蓝光或紫外线照射下，发出绿色荧光的一种黄色染料，具有光致荧光特性。荧光染料种类很多。萤光素酶是自然界中能够产生生物萤光的酶的统称，其中最有代表性的是一种萤火虫体内的萤光素酶。萤光的产生是来自于萤光素的氧化。没有萤光素酶的情况下，萤光素与氧气反应的速率非常慢，而钙离子的参与常常可以加速反应。萤光素酶可以在实验室中用基因工程的方法生成，并可以插入到生物体中或转染到细胞中进行实验。

延伸阅读

人 工 冷 光

　　萤火虫的发光实质上是把化学能转变成光能的过程，其发光不带辐射热，发光的效率高，几乎能将化学能全部转化为可见光，为现代电光源效率的几倍到几十倍。科学家根据对萤火虫的研究，创造了日光灯，使人类的照明光源发生了很大变化。近些年来，科学家又从萤火虫的发光器中分离出了纯荧光素，后来又分离出了荧光酶，接着，又用化学方法人工合成了荧光素。由荧光素、荧光酶、ATP（三磷腺苷）和水混合而成的生物光源，可在充满爆炸性瓦斯的矿井中当闪光灯。还有，由于这种光没有电源，不会产生磁场，因而可以在生物光源的照明下，做清除磁性水雷等工作。如今，人们已能用掺和某些化学物质的方法得到类似生物光的冷光，作为安全照明用。

声 能
SHENGNENG

　　声能是以波的形式存在的一种能量，其实质是物体振动后，通过传播媒介并以波的形式发生的机械能的转移和转化，反过来，其他能量的转移和转化也可以还原成机械能而产生声音。

　　声波在媒介中传播时，媒介在声能的作用下会产生一系列效应，如力学效应、热学效应、化学效应和生物学效应等。利用声能的各种效应，可使声能很好地为人类服务。如利用声能的热效应可以进行供暖或进行热治疗。利用超声波的热效应和化学效应，可进行超声焊接、钻孔、固体的粉碎、乳化、脱气、除尘、清洗、灭菌、促进化学反应和进行生物学研究等。

应用广泛的超声波

　　超声波是频率高于 20 000 赫兹的声波，它因其频率下限大约等于人的听觉上限而得名。它方向性好，穿透能力强，易于获得较集中的声能，在水中传播距离远，可用于测距、测速、清洗、焊接、碎石、杀菌消毒等。在医学、军事、工业、农业上有很多的应用。

　　研究超声波的产生、传播、接收，以及各种超声效应和应用的声学分支叫超声学。产生超声波的装置有机械型超声发生器、利用电磁感应和电磁作用原理制成的电动超声发生器，以及利用压电晶体的电致伸缩效应和铁磁物质的磁致伸缩效应制成的电声换能器等。

超声波在清洗液中疏密相间地向前传播，对液体产生拉伸和挤压作用，使液体内产生数以万计的微小气泡。这些气泡迅速产生，又迅速闭合，形成的瞬间高压，超过大气压的 1 000 倍。连续不断的高压就像一连串小"爆炸"，不断地冲击物件表面，使物件的表面及缝隙中的污垢迅速剥落，从而达到物件表面净化的目的。超声波洗衣机也是根据这个原理工作的。

超声波能使大气中悬浮的粉尘颗粒的电荷发生改变。对空气中的尘粒播放超声波，能促使尘粒之间互相吸附聚集成较大的粒子而降至地面，从而达到降尘除尘的目的。美国科学家发现，高能量的声波可以促使尘粒相聚成一体，因重量增加而下沉，根据这一原理，他们研制出一种除尘警报器，可以用于烟囱除尘，控制高温、高压、高腐蚀环境中的尘粒和消除大气污染。

医学超声波检查的工作原理与声呐有一定的相似性，即将超声波发射到人体内，当它在体内遇到界面时会发生反射及折射，并且在人体组织中可能被吸收而衰减。因为人体各种组织的形态与结构是不相同的，因此其反射与折射以及吸收超声波的程度也就不同，医生们正是通过仪器所反映出的波型、曲线，或影像的特征来辨别它们。此外再结合解剖学知识、正常与病理的改变，便可诊断所检查的器官是否有病。

利用超声的机械作用、空化作用、热效应和化学效应，可进行超声焊接、钻孔、固体的粉碎、乳化、脱气、除尘、去锅垢、清洗、灭菌、促进化学反应和进行生物学研究等，在工矿业、农业、医疗等各个部门获得了广泛应用。

知识点

热 效 应

热效应指物质系统在物理的或化学的等温过程中只做膨胀功时所吸收或

放出的热量。根据反应性质的不同，热效应可分为燃烧热、生成热、溶解热等。燃烧热是指1摩尔物质在指定条件下完全燃烧时的热效应。生成热是指由稳定单质化合生成1摩尔化合物的热效应。溶解热是指物质溶解过程吸收或释放的热效应。

延伸阅读

蝙蝠的超声波功能

人类听不到超声波，但不少动物却有能够听到超声波的神奇本领。它们可以利用超声波"导航"、追捕食物，或避开危险物。夏天的夜晚，许多蝙蝠在庭院里来回飞翔，它们在没有光亮的情况下飞翔而不会迷失方向，也不会彼此相碰，更不会误撞到别的什么东西。原因就是蝙蝠能发出 2～10 万赫兹的超声波，蝙蝠就好比是一座活动的"雷达站"，正是利用这个特殊的"声呐"，蝙蝠才能判断飞行前方是昆虫，还是障碍物。

捕捉声波——声呐技术

声呐是英文缩写"SONAR"的音译，其中文全称为：声音导航与测距，是一种利用声波在水下的传播特性，通过电声转换和信息处理，完成水下探测和通讯任务的电子设备。它有主动式和被动式两种类型，属于声学定位的范畴。声呐是利用水中声波对水下目标进行探测、定位和通信的电子设备，是水声学中应用最广泛、最重要的一种装置。

到目前为止，声波还是唯一能在深海作为远距离传输的能量形式。于是探测水下目标的技术——声呐技术便应运而生。

声呐技术诞生至今已有100多年的历史，它是1906年由英国海军的刘易斯·尼克森所发明的。他发明的第一部声呐仪是一种被动式的聆听装置，主要用来侦测冰山。这种技术，到第一次世界大战时被应用到战场上，用来侦测潜藏在水底的潜水艇。

声呐是各国海军进行水下监视使用的主要技术设备，用于对水下目标进行探测、分类、定位和跟踪；进行水下通信和导航，保障舰艇、反潜飞机和反潜直升机的战术机动和水中武器的使用。此外，声呐技术还广泛用于鱼雷制导、水雷引信，以及鱼群探测、海洋石油勘探、船舶导航、水下作业、水文测量和海底地质地貌的勘测等。

声呐可按工作方式，按装备对象，按战术用途，按基阵携带方式和技术特点等分类方法分为各种不同的声呐。例如按工作方式可分为主动声呐和被动声呐；按装备对象可分为水面舰艇声呐、潜艇声呐、航空声呐、便携式声呐和海岸声呐等等。

传统上潜艇安装声呐的主要位置是在最前端的位置，由于现代潜艇非常依赖被动声呐的探测效果，巨大的收音装置不仅仅让潜艇的直径水涨船高，原先在这个位置上的鱼雷管也得乖乖让出位置而退到两旁去。

其他安装在潜艇上的声呐形态还包括安装在艇身其他位置的被动声呐听音装置，利用不同位置收到的同一讯号，经过电脑处理和运算之后，就可以迅速地进行粗浅的定位，对于艇身较大的潜艇来说比较有利，因为测量的基线较长，准确度较高。

另外一种声呐称为"拖曳声呐"，因为这种声呐装置在使用时，以缆线与潜艇连接，声呐的本体则远远地被拖在潜艇的后面进行探测，拖曳声呐的使用大幅强化了潜艇对于全方位与不同深度的侦测能力，尤其是潜艇的尾端。这是因为潜艇的尾端同时也是动力输出的部分，由于水流声音的干扰，位于前方的声呐无法听到这个区域的讯号而形成一个盲区。使用拖曳声呐之后就能够消除这个盲区，找出躲在这个区域的目标。

和许多科学技术的发展一样，社会的需要和科技的进步促进了声呐技术的发展。

 **知识点** ►►►►►

制　导

　　制导是指导引和控制飞行器按一定规律飞向目标或预定轨道的技术和方法。制导过程中，导引系统不断测定飞行器与目标或预定轨道的相对位置关系，发出制导信息传递给飞行器控制系统，以控制飞行。制导分有线制导、无线电制导、雷达制导、红外制导、激光制导、音响制导、地磁制导、惯性制导和天文制导等。

　　有线制导是遥控制导的一种方式，制导站不断跟踪目标，形成制导指令，并将指令通过有线形式传输到制导武器上来控制飞行轨迹，使之击中目标。红外制导是利用红外探测器捕获和跟踪目标自身辐射的能量来实现寻的制导的技术。激光制导是利用激光获得制导信息或传输制导指令使导弹按一定导引规律飞向目标的制导方法。

 **延伸阅读**

动物神奇的"声呐技术"

　　声呐并非人类的专利，不少动物都有它们自己的"声呐"。蝙蝠就用喉头发射每秒 1～12 万次的超声脉冲而用耳朵接收其回波，借助这种"主动声呐"它可以探查到很细小的昆虫及 0.1 毫米粗细的金属丝障碍物。海豚和鲸等海洋哺乳动物则拥有"水下声呐"，它们能产生一种十分确定的讯号探寻食物和相互通讯。海豚声呐的灵敏度很高，能发现几米以外直径 0.2 毫米的金属丝和直径 1 毫米的尼龙绳，能发现处于几百米外的鱼群，能遮住眼睛在插满竹竿的水池中灵活迅速地穿行而不会碰到竹竿。还有，海豚声呐的"目标识别"能力很强，不但能识别不同的鱼类，区分开铜、铝、电木、塑料等不同的物质材料，还能区分开自己发声的回波和人们录下它的声音而重放的声波；海豚声呐的抗干扰能力也是惊人的，如果有噪声干扰，它会提高叫声的强度盖过噪声，以使自己的判断不受影响，而且，海豚声呐还具有感情表达能力，已经证实海豚是一种有"语言"的动物，它们的"交谈"正是通过其声呐系统而进行的。多种鲸类都用声来探测和通信，它们使用的频率比海豚的低得多，作用距离也远得多。其他海洋哺乳动物，如海豹、海狮等也都会发射出声呐信号，进行探测。

磁　能
CINENG

　　磁能泛指与磁相联系的能量。在线圈中建立电流，要反抗线圈的自感电动势而做功，与这部分功相联系的能量叫做自感磁能。两个线圈之间存在互感作用，在两个线圈中分别建立电流，除了反抗线圈的自感电动势而做功外，还将反抗线圈的互感电动势而做功，与后者相联系的能量叫做互感磁能。

　　磁场是一种特殊形态的物质，它可以脱离电流而存在。变化的电场也能产生磁场，这种变化电场产生的磁场也具有能量。在一般情形下，变化的电磁场以波的形式传播，传播过程中伴随着能量传递。

新发电技术——磁体流发电

　　在当今世界上，各国的电力主要来源仍旧是火力发电，但是，这种发电方式的热效率很低，最高只有 40%，浪费了大量的燃料，而且产生的废气、废渣污染环境。因此，人们要寻求和研制各种新型的发电方法，而磁流体发电经实践证明是一种可靠的新发电技术，可以将燃料热能直接变成电能。

　　20 世纪 50 年代末期，人们发现如果将高温、高速流动的气体通过一个很

强的磁场时，就能产生电流。后来，在此基础上就发展成为一种发电新技术，这就是引人注目的"磁流体发电"。

那么，高温、高速流动的气体通过磁场时，为什么会产生电流呢？

原来，这些气体在高温下发生电离，出现了一些自由电子，就使它变成了能够导电的高温等离子气体。根据法拉第的电磁感应定律，当高温等离子气体以高速流过一个强磁场时，就切割了磁感线，于是就产生了感应电流。

所谓"电离"，就是气体原子外层的电子不再受核力的约束，成为可以自由移动的自由电子。普通气体在 7 000℃ 左右的高温下才能被电离成磁流体发电所需要的等离子体。如果在气体中加入少量容易电离的低电位碱金属（一般为钾、钠、铯的化合物，如碳化钾）蒸气，在 3 000℃ 时气体的电离程度就可达到磁流体发电的要求。在这种情况下，就可采用抽气的方法，使电离的气体高速通过强磁场，即可产生直流电。加热气体所用的热源，可以是煤炭、石油或天然气燃烧所产生的热能，也可以是核反应堆提供的热能。

磁流体发电作为一项发电新技术，它比一般的火力发电具有的优越性主要表现在以下几个方面：

第一，综合效率高。磁流体的热效率可以从火力发电的 30%～40% 提高到 50%～60%，预计将来还会再提高。

第二，启动快。在几秒钟的时间内，磁流体发电就能达到满功率运行，这是其他任何发电装置无法相比的，因此，磁流体发电不仅可作为大功率民用电源，而且还可以作为高峰负荷电源和特殊电源使用，如作为风洞试验电源、激光武器的脉冲电源等。

第三，去硫方便，对环境污染少。磁流体发电虽然也使用煤炭、石油等燃料，但由于它使用的是细煤粉，而且高温气体还掺杂着少量的钾、钠和铯的化合物等，容易和硫发生化学反应，生成硫化物，在发电后回收这些金属的同时也将硫回收了。从这一点来说，磁流体发电可以充分利用含硫较多的劣质煤。另外，由于磁流体发电的热效率高，因而排放的废热也少，产生的污染物自然就少多了。

第四，没有高速旋转的部件，噪声小，设备结构简单，体积和重量也大大减小。

由于磁流体发电时的温度高，所以可将磁流体发电与其他发电方式联合组成效率高的大型发电站，作为经常满载运行的基本负荷电站。例如，将与一般火力发电组成磁流体——蒸汽联合循环发电，即让从磁流体发电机排出的高温气体再进入余热锅炉生产蒸汽，去推动汽轮发电机发电，其热效率可达50%～60%。

知识点

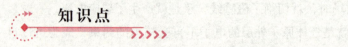

等　离　子

　　等离子状态是指物质原子内的电子在高温下脱离原子核的吸引，使物质呈正负带电粒子状态存在。等离子态是一种普遍存在的状态，宇宙中大部分发光的星球内部温度和压力都很高，这些星球内部的物质差不多都处于等离子态。只有那些昏暗的行星和分散的星际物质里才可以找到固态、液态和气态的物质。实际上，就在我们周围，也经常看到等离子态的物质。在日光灯和霓虹灯的灯管里，在眩目的白炽电弧里，都能找到它的踪迹。另外，在地球周围的电离层里，在美丽的极光、大气中的闪光放电里，也能找到等离子态。

延伸阅读

磁流体发电技术的进展

　　现对于一般的火力发电，磁流体发电的效率要高得多，但在相当长一段时间内它的研制进展不快，主要的原因在于伴随它的优点而产生了一大堆技术难题。磁流体发电机中，运行的是温度在三四千摄氏度的导电流体，它们是高温下电离的气体。为进行有效的电力生产，电离了的气体导电性能还不够，因此，还要在其中加入钾、铯等金属离子。但是，当这种含有金属离子的气流，高速通过强磁场中的发电通道，达到电极时，电极也随之遭到腐蚀。电极的迅速腐蚀是磁流体发电机面临的最大难题。此外，磁流体发电机需要一个强大的磁场，人们都认为，真正用于生产规模的发电机必须使用超导磁体来产生高强度的磁场，这当然也带来技术和设备上的难题。最后，科学家在导电流体的选用上有了新的进展，发明了用低熔点的金属（如钠、钾等）做导电流体，在液态金属中加进易挥发的流体（如甲苯、乙烷等）来推动液态金属的流动，巧妙地避开了工程技术上的一些难题，在制造电极的材料和燃料的研制方面也有了新进展。随着新的导电流体的应用，技术难题逐步得到了解决。

"零高度"行驶——磁悬浮列车

1922 年德国工程师赫尔曼·肯佩尔就提出了电磁悬浮原理，并于 1934 年申请了磁悬浮列车的专利。1970 年代以后，随着世界工业化国家经济实力的不断加强，为提高交通运输能力以适应其经济发展的需要，德国、日本等发达国家相继开始筹划进行磁悬浮运输系统的开发。

磁悬浮列车

磁悬浮列车是一种靠磁悬浮力（即磁的吸力和排斥力）来推动的列车。由于其轨道的磁力使之悬浮在空中，行走时不需接触地面，因此其阻力只有空气的阻力。磁悬浮列车的最高速度可以达每小时 500 千米以上。

　　磁悬浮列车利用"同名磁极相斥，异名磁极相吸"的原理，让磁铁具有抗拒地心引力的能力，使车体完全脱离轨道，悬浮在距离轨道约 1 厘米处，腾空行驶，创造了近乎"零高度"空间飞行的奇迹。

　　由于磁铁有同性相斥和异性相吸两种形式，故磁悬浮列车也有两种相应的形式：一种是利用磁铁同性相斥原理而设计的电磁运行系统的磁悬浮列车，它利用车上超导体电磁铁形成的磁场与轨道上线圈形成的磁场之间所产生的相斥力，使车体悬浮运行的列车；另一种则是利用磁铁异性相吸原理而设计的电动力运行系统的磁悬浮列车，它是在车体底部及两侧倒转向上的顶部安装磁铁，在 T 形导轨的上方和伸臂部分下方分别设反作用板和感应钢板，控制电磁铁的电流，使电磁铁和导轨间保持 10～15 毫米的间隙，并使导轨钢板的排斥力与车辆的重力平衡，从而使车体悬浮于车道的导轨面上运行。

　　通俗点讲就是，在位于轨道两侧的线圈里流动的交流电，能将线圈变为电磁体。由于它与列车上的超导电磁体的相互作用，就使列车开动起来。列车前进是因为列车头部的电磁体（N 极）被安装在靠前一点的轨道上的电磁体（S 极）所吸引，并且同时又被安装在轨道上稍后一点的电磁体（N 极）所排斥。当列车前进时，在线圈里流动的电流流向就反转过来了。其结果就是原来那个 S 极线圈，现在变为 N 极线圈了，反之亦然。这样，列车由于电磁极性的转换而得以持续向前奔驰。根据车速，通过电能转换器调整在线圈里流动的交流电的频率和电压。

上海磁悬浮列车

　　世界第一条磁悬浮列车示范运营线——上海磁悬浮列车，建成后，从浦东龙阳路站到浦东国际机场，30 多千米只需 8 分钟。

　　尽管日本和德国已经有了实验路线，尽管上海浦东机场到市区 30 千米长的线路已投入正式运营，但磁悬浮列车要想如同现今的普通轮轨式铁路那般，成为民众日常的交通工具，似乎还有很远的路要走。那么，究竟是什么原因呢？

（1）磁悬浮列车的车厢不能变轨，不像轨道列车可以从一条铁轨借助道岔进入另一铁轨。这样一来，如果是两条轨道双向通行，一条轨道上的列车只能从一个起点驶向终点，到终点后，原路返回。而不像轨道列车可以换轨到另一轨道返回。因此，一条轨道只能容纳一列列车往返运行，造成浪费。磁悬浮轨道越长，使用效率越低。

（2）由于磁悬浮系统是凭借电磁力来进行悬浮、导向和驱动功能的，一旦断电，磁悬浮列车将发生严重的安全事故，因此断电后磁悬浮的安全保障措施仍然没有得到完全解决。

（3）强磁场对人的健康、生态环境的平衡与电子产品的运行都会产生不良影响。

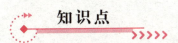

知识点

超 导 体

超导体是指在足够低的温度和足够弱的磁场下，其电阻率为零的物质。把电阻为零的现象称为超导现象，达到超导的温度称为临界温度。一般材料在温度接近绝对零度的时候，物体分子热运动几乎消失，材料的电阻趋近于 0。根据临界温度的不同，超导材料可以分为：高温超导材料和低温超导材料。

延伸阅读

中低速磁悬浮列车

中低速磁悬浮列车是一种新近发展起来的轨道交通设备，性能卓越，适用于大中城市市内、近距离城市间、旅游景区的交通连接。中低速磁悬浮列车利用电磁力克服地球引力，使列车在轨道上悬浮，并利用直流电机推动前进。与普通轮轨列车相比，中低速磁悬浮列车具有噪声低、振动小、建造成本低、易于实施、易于维护等优点，而且由于其牵引力不受轮轨间的黏着系数影响，使其爬坡能力强，转弯半径小，是舒适、安全、快捷、环保的绿色轨道交通工具，在各种交通方式中具有独特的优势。

2009年6月15，国内首列具有完全自主知识产权的实用型中低速磁悬浮列车正式下线，开始进行线路运行试验，这标志着我国已经具备中低速磁悬浮列车产业化的制造能力。

核 能
HENENG

核能俗称原子能，是指原子核里的核子（中子或质子）重新分配和组合时释放出来的能量。

核能拥有巨大的威力，1千克铀原子核全部裂变释放出的能量，约等于2 700吨标准煤燃烧时所放出的化学能。如果把地球上蕴藏的数量可观的铀、钍等核裂变资源成功裂变，释放出来的能量可满足人类上千年的能源需求。而把藏在汪洋大海里的氘聚变，释放出的能量可满足人类百亿年的能源需求。

目前核能的利用主要是核能发电，随着科学技术的进一步发展，人类对核能的利用能力必将进一步增强，核能的力量也会更大地发挥出来。

核裂变产生巨能

原子非常非常小，原子的直径只有一亿分之一厘米左右。如果把原子比拟为乒乓球，那么，我们平时玩的乒乓球要比地球还要大。可见，原子有多么微小。

原子由原子核和电子构成。电子围绕着原子核运动，原子核处于原子的中心，控制着周围的电子。原子核比原子更小，只及原子的十万分之一。如果把原子比作学校的运动场，那么，原子核只相当于运动场正中央的一颗小药丸，其余则全是空的。

原子核虽然微小，但它又是由两种更小的粒子构成的：一种叫质子，另一种叫中子。质子和中子搭配的数目不同，由此产生了多种多样的原子核。

最小的"核家庭"，只有一个质子，这就是氢原子。比它大一号的是氦，它由两个质子和两个中子构成。铀核有 92 个质子和 146 个中子。

质子都带正电荷，同伴之间总是针锋相对，怎么也难以融洽相处，这就是所谓的"同性相斥"。那么，是谁使这些质子和睦相处呢？原来是中子。中子是个"大好人"，与谁都合得来，质子和中子之间具有相互吸引力，这就是核力。中子掺和在质子之间，靠着核力牢牢地将质子吸引在一起，于是，它们便统一在一个"家庭"之中。

原子核、电子示意图

电子尽管质量很小，只有质子质量的 1/1 840，却带有和质子等量的负电荷。而且，原子内电子数目正好和质子数目相等，使正负抵消。这样，作为一个整体，原子是一个和睦的家庭。

但是，随着核"家庭"的规模的扩大，"好斗"的质子越来越多，这需要越来多的中子来"调解"，如较大的家庭铀，质子是 92 个，却有 146 个中子。可是，在大的原子核中，尽管有许多中子力图调解，原子核内部的稳定性依然很差。大于第 83 号元素铋的原子核，没有一个是稳定的。最常见的现象是，两个质子和两个中子成对搭配，结合成"四人小组"。而这"四人小组"正好就是氦的原子核，是剥去了电子的原子核。人们把这种集团叫做 α 粒子。α 粒子络绎不绝地放出来，便形成 α 射线。

一个原子核放出 α 粒子之后，质子数目减少了两个，从而变成一个新的原子核的现象叫 α 衰变。像铀和镭，在自然界能够自然进行衰变，叫做自发衰变。

1920 年，英国科学家卢瑟福发现，用 α 粒子轰击氮原子时，氮原子核会变成氧的原子核。他的学生克罗夫特发现，用质子轰击较轻的原子核时，该靶便发生碎裂，变成新的原子核。例如，先把质子加速到很高的能量，然后打入锂原子核，锂核便碎裂为两块，变成两个氦原子核，这就是人类第一次实现的原子核的人工衰变。

加速器可以把质子或 α 粒子这样的炮弹加速，所以加速器是瞄准原子核的火炮。但是，对于任何强大的加速器，射出的质子在进入大的原子核时，会遇到强有力的正电排斥，炮弹被弹回来，根本不可能接近靶。

1932 年，法国物理学家约里奥·居里发现了一种穿透力很强的射线，即中子流。年轻的罗马科学家恩利科·费米深受启发，为什么不能用中子做炮弹呢？中子是个"厚脸皮的家伙"，是个中性的东西，不管是带正电的还是带负电子的核，它都能泰然自若地插进去。

本来就不太平的核家庭，一旦被中子进入，就被搅得不得安宁，有的放出 α 粒子，有的放出 β 粒子，有的放出中子。最容易被破坏的家庭便是铀。

铀可以称得上是重量级的"家庭"了，但这一家中也"有胖有瘦"。胖子"铀 238"奇胖无比，在家庭成员中占 99.3%，剩下的 0.7% 便是瘦子"铀 235"。胖子和瘦子都有 92 个质子，但瘦子只有 143 个中子，而胖子有 146 个中子。它们由于有相同的质子数，所以化学性质相同。这种化学性质相同，而重量不同的同一核家庭的成员，叫做同位素。

这"两兄弟"的性格却有天壤之别，"铀 238""心宽体胖"，而"铀 235""性格暴躁"，一触即发。一旦中子进入铀 235 的核内，它就会暴跳如雷，以致自暴自弃，立即破碎，变成两个原子核，与此同时，还放出中子和热量，这种过程叫做核裂变。

核家庭越大，需要做调解人的中子就越多，铀 235 这个大个子分裂为两个小原子核时，必然会有多余的中子被赶出来。据计算，每次核裂变能够放出 2~3 个中子。铀核裂变生成的两块碎片具有很大的动能，这些动能在周围的介质中立即转变为热能。这就是铀 235 发生核裂变产生的核能。

核裂变中产生的中子，不断放出 β 或 γ 射线。也就是说，核裂变的产物具有放射性。如果放出 β 射线，那么这原子的种类便发生了变化，这种变化叫放射性衰变。这些放出的射线最终也以热能的形式被消耗掉。

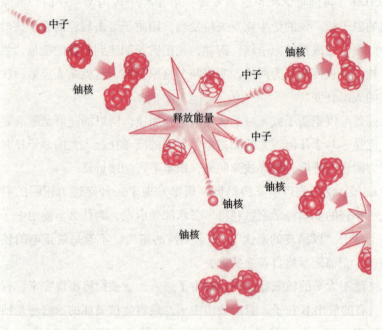

铀核裂变示意图

　　每一次核裂变能产生多少热量呢？约为 4.2×10^{-11} 焦耳，1 立方厘米的铀 235 中有 5×10^{22} 个铀原子，如果全部发生核裂变，它所产生的热量，足以使 5 000 吨水沸腾。按科学家的计算，核裂变在 1 000 兆瓦的功率下运行一天，连边长为 4 厘米的一块正方体铀块也用不完。

　　但是，铀家族中大部分是铀 238，它很"迟钝'，即使被中子打中，也不发生核裂变。但是，如果它"吞吃"了一个中子，就会放出 β 射线，转瞬间铀 238 转变成第 93 号元素镎。镎又继续放出 β 射线，从而变成第 94 号元素钚。钚 239 和铀 235 是同样的"脾气"，一旦被中子击中，就猛然发热，铀 235 和钚 239 都被称为可裂变物。

　　少量的铀燃料竟然可以产生出如此惊人的能量，那么，打开核的大门的钥匙是什么呢？唯一的钥匙是中子。

　　中子刚出生速度很快，约为光速的 1/10，在穿过原子核堆中，不断被碰撞，变成速度很慢的中子，这种中子叫热中子。铀 235 "吃"了中子以后才能进行核裂变，可是铀 235 很"挑食"，只"吃"热中子。铀 238 却不一样，在中子速度还是热中子速度的 15 倍时，就开始大量"吞食"中子。一旦中子速度大于或小于这个速度，铀 238 这种"疯狂的食欲"会一下子收敛起来。为此，人们该做两件事，一是让中子慢下来，变成热中子，好让铀 235"吃"了以后放出热量；二是为了避免铀 238"白吃"中子，想办法让中子快速慢化。

让中子慢下来的材料叫减速剂。用什么做减速剂呢？必须尽可能采用轻原子核做减速剂。试想一下台球桌上的情景，一个快速运动的台球，碰到大东西会快速弹回，台球本身一点也不减速，如果碰到另一个台球，它自己就会停下来。所以，减速剂的原子核越轻，减速作用就越强。理想的减速剂是重水，重水是由氘和氧组成的一种水，氘原子不仅特别轻，而且不"贪吃"中子。轻水中的氢原子，有点"贪吃"中子，所以慢化效果不如重水。除此以外，石墨也是一种常见的减速剂。

堆芯是原子核反应堆的"心脏"，先把核燃料铀装入金属或石墨制成的包壳内，然后装入堆芯。于是，铀燃料就在堆芯中发生核裂变，产生巨大的能量，并以热能的形式通过冷却剂传送到堆外。这就是核反应堆工作的大致原理。

知识点

重　水

重水是由氘和氧组成的化合物。分子式为 D_2O，分子量 20.027 5，比普通水（H_2O）的分子量 18.015 3 高出约 11%，因此叫做重水。在天然水中，重水的含量约占 0.015%。由于氘与氢的性质差别极小，因此重水和普通水外观上很相似。它们的化学性质也一样，不过某些物理性质却不相同。人和动物若是喝了重水，会引起死亡。

重水主要用做核反应堆的慢化剂和冷却剂，它可以减小中子的速率，使之符合发生裂变过程的需要。

延伸阅读

核裂变的发现过程

　　莉泽·迈特娜和奥多·哈恩都是德国柏林威廉皇家研究所的研究员。他们一直希望创造出比铀重的原子（超铀原子）。他们用游离质子轰击铀原子，认为一些质子会撞击到铀原子核，并粘在上面，从而产生比铀重的元素，但这个愿望一直没能实现。他们用其他重金属实验，都成功了。可是一到铀，就行不通了。整个20世纪30年代，没人能解释为什么用铀做的实验总是失败。从物理学上讲，比铀重的原子不可能存在是没有道理的。但是，百余次的试验，没有一次成功。最后，奥多想到了一个办法：用非放射性的钡做标记，不断地探测和测量放射性镭的存在。如果铀衰变为镭，钡就会探测到。他们先进行前期实验，确定在铀存在的条件下钡对放射性镭的反应，还重新测量了镭的确切衰变速度和衰变模式。后来哈恩自己进行这项伟大的实验。哈恩用集束粒子流轰击铀，却连镭也没得到，只探测到了更多的钡（钡远远多出了实验开始时的量）。他感到迷惑不解，他请求迈特娜帮他解释这究竟是怎么回事。一次，迈特娜穿着雪鞋在初冬的雪地里散步，突然一个画面在她心中一闪而过：原子将自身撕裂开来。迈特娜立即意识到自己已经找到了答案：质子的增加使铀原子核变得很不稳定，从而发生分裂。她立即把这个想法告诉了哈恩，他们又做了一个实验，证明当游离的质子轰击放射性铀时，每个铀原子都分裂成了两部分，生成了钡和氪，同时这个过程还释放出巨大的能量。就这样迈特娜发现了核裂变的过程。

威力巨大的核电

　　使原子核内蕴藏的巨大能量释放出来，主要有两种方法：

　　一种是将较重的原子核打碎，使其分裂成两半，同时释放出大量的能量，这种核反应叫核裂变反应，所释放的能量叫做裂变核能。现在各国所建造的核电站，就是采用这种核裂变反应的；用于军事上的原子弹爆炸，也是核裂变反应产生的结果。

第二种方法是把两种较轻的原子核聚合成一个较重的原子核，同时释放出大量的能量，这种核反应叫核聚变反应，氢弹爆炸就属于这种核反应。不过它是在极短的一瞬间完成的，人们无法控制。近年来，受控核聚变反应的研究已经使核能控制显露出希望的曙光。

核能的成就虽然首先被应用于军事目的，但其后就实现了核能的和平利用，其中最重要也是最主要的是通过核电站来发电。经过多年的发展，核电已是世界公认的经济实惠的能源。

核电站已跻身电力工业行列，是利用原子核裂变反应放出的核能来发电的发电厂，通过核反应堆实现核能与热能的转换。核反应堆的种类，按引起裂变的中子能量分为热中子反应堆和快中子反应堆。由于热中子更容易引起铀235的裂变，因此热中子反应堆比较容易控制，大量运行的就是这种热中子反应堆。这种反应堆需用慢化剂，通过它的原子核与快中子弹性碰撞，将快中子慢化成热中子。

从1954年苏联建成世界上第一座核电站以来，人类和平利用核能的历史还不到半个世纪；然而，核能的发展却异常迅速。特别是近20年来，它以极大的优势异军突起，成绩卓著，已成为世界能源舞台上一个引人注目的角色。

到1991年底，全世界有近30个国家和地区拥有近420座核电站，另有76座正在建设中。我国首座核电站——秦山核电站，已于1991年正式投入运行，这标志着我国核能利用已经进入了一个新阶段。大亚湾核电站于1994年建成投产，是我国建成的第一座大型商用核电站。它装配两套90万千瓦的压水堆发电

秦山核电站

机组，年发电量为 120 多亿千瓦时。这个核电站是以当今世界上先进的法国格拉福林核电站为参照体建设起来的。它的设计和安装、调试的整个过程，都达到了法国核电站的先进水平。

核能资源广泛分布在世界的陆地和海洋中。储藏在陆地上的铀矿资源，约 990～2 410 万吨，其中最多的是北美洲，其次是非州和大洋洲。

海洋中的核能资源比陆地上要丰富得多。拿核裂变的重要燃料铀来说，虽然每 1 000 吨海水中才有 3 克铀，然而海洋里铀的总储量却大得惊人，总共达 40 多亿吨，比陆地上已知的铀储量大数千倍。

此外，海洋中还有更为丰富的核聚变所用的燃料——重水。如果将这些能源开发出来，那么即使全世界的能量消耗比现在增加 100 倍，也可保证供应人类使用 10 亿年左右。因此科学家提出了在海上和海底建设核电站的设想。

在海上建造核电站，有其独特的优点。

其一，核电站的造价要比陆地上的造价低，这一点很吸引人，因为在同样的投资条件下可以建造更多的海上核电站。

其二，在选择核电站站址时，不像陆地上那样要考虑地震、地质等条件，以及是否在居民稠密区等各种情况的影响，因而选择的余地大。

其三，海上的工作条件几乎到处都一样。不存在陆地上那种"因地而异"的种种问题。这样，就可以使整个核电站像加工产品一样，按标准化要求以流水线作业方式进行制造，从而简化了生产过程，便于生产和使用，可大大降低制造成本，缩短建造周期。

由于人们对海上核电站的安全性等问题的看法不同，所以海上核电站虽然有许多优点但仍然没有得到迅速的发展和应用。

有人可能担心海上核电站的安全问题，认为核反应堆会将放射性的物质排入海水，影响水中生物和人类的生存与安全。其实，这种忧虑完全是多余的，因为海上核电站和陆地上的核电站一样，都有专门处理废水、废料的措施和方法，绝不会把带放射性物质的废水直接排放到海水中。另外，由于海上核电站建有较高大的防波堤，能引来鱼、虾的洄游，对于海洋生物的养殖和捕捞非常有好处。

人们已对这种优点突出的海上核电站发生了浓厚的兴趣，特别是像英国、日本、新西兰等岛国，陆地面积小，适宜建造核电站的地方少，但海岸线却很

俄罗斯研制的世界首座海上浮动核电站设计假想图

长，就可以充分利用这一优势，大力发展海上核电站。

海底核电站是人们随着海洋石油开采不断向深海海底发展而提出的一项大胆设想。实际上，20世纪70年代初期，独特新颖的海底核电站的蓝图已经绘制出来。此后，世界上不少国家都在积极地进行研究和实验，提出了各种设计方案。

在勘探和开采深海海底的石油和天然气时，需要陆地上的发电站向海洋采油平台远距离供电。为此，就要通过很长的海底电缆将电输送出去。这不仅在技术上要求很高，而且要花费大量的资金。如果在采油平台的海底附近建造海底核电站，就可轻而易举地将富足的电力送往采油平台，而且还可以为其他远洋作业设施提供廉价的电源。

海底核电站在原理上和陆地上的核电站基本相同，都是利用核燃料在裂变过程中产生的热量将冷却的水加热，使它变成高压蒸汽，再去推动汽轮发电机组发电。但是，海底核电站的工作条件要比陆地上的核电站苛刻得多。

一是，海底核电站的所有零部件要能承受几百米深的海水所施加的巨大压力；二是要求所有设备密封性好，达到滴水不漏的程度；三是各种设备和零部件都要具有较好的耐海水腐蚀的性能。因此，海底核电站所用的反应堆都是安装在耐压的堆舱里，汽轮发电机则密封在耐压舱内，而堆舱和耐压舱都固定在一个大的平台上。

为了安装方便，海底核电站可在海面上进行安装。安装完工后，将整个核

法国海底核电站假想图

电站和固定平台一起沉入海底，坐落在预先铺好的海底地基上。当核电站在海底连续运行数年以后，像潜水艇一样可将它浮出海面，以便由海轮拖到附近海滨基地进行检修和更换堆料。

人们预计，随着海洋资源特别是海底石油和天然气的开发，将进一步促进海底核电站的研究与进展。在不久的将来，这种建造在海底的特殊核电站就会正式问世。

在人们已经在陆地上建造了几百座核电站，又计划在海上和海底建核电站后，科学家又提出一个新设想，那就是将核反应堆搬上太空，建立太空核电站。

早在 1965 年，美国就发射了一颗装有核反应堆的人造卫星。1978 年 1 月，苏联军用卫星"宇宙 254"号也装有核反应堆。

将核反应堆装在卫星上，主要因它重量轻、性能可靠，而且使用寿命长、成本较低。

在人造卫星上通常都装有各种电子设备，包括电子计算机、自动控制装置、通信联络机构、电视摄象机和发送系统等，需要大量使用可靠的电能。

对于用来探测火星、木星等星体的星际飞行器，配备的电子设备就更多更复杂，而且来回航程要几年到十几年，在此期间，还要与地球保持不断的联系。因此，这种太空飞行器上所用的电源，要求容量更大，性能更加可靠。

起初，人们在卫星和太空飞行器上使用燃料电池，这种电池虽然工作稳定可靠，能提供所需要的电能，但它的成本高，使用寿命较短，不能满足长期使用的需要。后来，人们又采用太阳能电站作为卫星和太空飞行器的电源，然而，当卫星运行到地球背面或具有漫长黑夜的月球上，或者向远离太阳的其他行星飞行过程中，太阳能电池就根本无法工作。此外，即使在有阳光的条件下使用太阳能电池，当需要提供大容量的电能时，仅电池的集光板就大到上千平方米，这在太空飞行中显然是难以做到的。人们最后终于找到了比较理想的卫星和太空飞行器用的电源——空间核反应堆。

在采用核反应堆作为太空飞行器电源之前，还广泛使用了核电池。直到现在，一些太空飞行器还广泛采用这种核电源。核电池的使用寿命一般可达 5 ~ 10 年以上，电容量可达几十至上百瓦。然而，它的电容量与太空核反应堆比起来就显得微不足道了。太空核反应堆的电容量可达几百瓦至几千瓦，甚至可高达百万瓦。这样，对于要求电源容量越来越大的一些太空飞行器来说，就理所当然地选用核反应堆作为电源了。太空核反应堆在工作原理上与陆地上的基本一样，只是前者由于在太空飞行中使用，要求反应堆体积小，轻便实用。

实际上，太空核反应堆不仅可用作太空飞行器和卫星的主要电源，而且还是未来用于考察和开采月球矿藏的理想电源。

核能的发展之所以如此迅速，主要是因为它有着显著的优越性：其一，它的能量非常巨大，而且非常集中。其二，运输方便，地区适应性强。有人曾将核电站与火电站作了个形象的比较：一座 20 万千瓦的火电站，一天要烧掉 3 000 吨标准煤，这些燃料需要用 100 辆铁路货车来运输；而发电能力相同的核电站，一天仅用 1 千克铀就行了。这么一点铀燃料只有 3 个火柴盒那么大，运输起来自然就省力多了，而且可以建在电力消耗大的地方，以减少输电损失和运输费用。其三，储量丰富，用之不尽。

从当前情况来看，世界各国的核能发电技术已相当成熟，大量投入使用的单机容量达百万千瓦级的发电机组，使核电站得到了迅速的发展。

近 10 多年来，人们已经成功地研制出能充分利用铀燃料的核反应堆，这就是被称为"明天核电站锅炉"的快中子增殖核反应堆。这种核反应堆能使核燃料增殖，也就是说，核燃料在这种"锅炉"里越烧越多。如果能大量使用快中子增殖核反应堆，不仅能使铀资源的有效利用率增大数十倍，而且也将使铀资源本身扩大几百倍。因此，包括我国在内的世界各国，今后将着重发展这种先进的核反应堆以便充分地利用核燃料、提高核电站的经济性。

1991 年，欧洲联合核聚变实验室首次成功地实现了受控核聚变反应，使人类在核聚变研究方面取得了重大突破，为今后利用储量极为丰富的重水建造核聚变电站打下了初步的基础。

另外，近年来在激光核聚变、核电池、太空核电站和海底核电站等研究试

验方面也都取得了一定的成果，促进了核能发电技术的进一步提高。

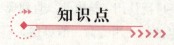

反 应 堆

反应堆又叫核反应堆或原子反应堆，是指装配了核燃料的能够在受控下持续进行核裂变链式反应的装置。之所以把它叫做"堆"，是因为世界上第一个核反应堆是用石墨块（用以控制反应速度）和金属铀块（反应燃料）一层一层交替地"堆"起来而构成的。虽然现在出现了不用石墨的核反应装置，但仍沿用这种叫法。

反应堆有不同的分法，根据用途，核反应堆可以分为以下几种类型：

（1）将中子束用于实验或利用中子束的核反应，包括研究堆、材料实验等。

（2）生产放射性同位素的核反应堆。

（3）生产核裂变物质的核反应堆，称为生产堆。

（4）提供取暖、海水淡化、化工等用的热量的核反应堆。

（5）为发电而产生热量的核反应，称为发电堆。

（6）用于推进船舶、飞机、火箭等的核反应堆，称为推进堆。

我国主要核电站

秦山核电站

秦山核电站位于浙江嘉兴杭州湾畔，一期工程于1991年12月首次并网发电，1994年4月投入商业运行。二期工程于1996年6月2日开工，第一台机组于 2002 年 4 月 15 日投入商业运行。三期工程的 1 号机组于 2002 年 11 月 19 日首次并网发电，并于 2002 年 12 月 31 日投入商业运行。2 号机组于 2003 年 6 月 12 日首次并网发电，并于 2003 年 7 月 24 日投入商业运行。

大亚湾核电站

大亚湾核电站位于广东深圳，该核电站于 1987 年 8 月 7 日工程正式开工，1994 年 2 月 1 日和 5 月 6 日两台压水堆反应堆机组先后投入商业营运。

田湾核电站

田湾核电站位于江苏省连云港市连云区田湾，一期工程于 1999 年 10 月 20 日正式开工，两台单机机组分别于 2004 年和 2005 年建成投产。

岭澳核电站

岭澳核电站一期工程位于广东大亚湾西海岸大鹏半岛东南侧，工程于 1997 年 5 月开工建设。该工程拥有两台百万千瓦级压水堆核电机组，2003 年 1 月全面建成投入商业运行，2008 年展开二期工程建设。

福建宁德核电站

福建宁德核电站是我国大陆首个在海岛上建设的核电站，位于福建省宁德市辖福鼎市秦屿镇的备湾村。工程于 2008 年 2 月 18 日正式动工。2011 年 2 月开工建设一、二号机组，一号机组于 2012 年正式投产，计划二号机组于 2013 年投产，三号机组于 2014 年投产，四号机组于 2015 年投产。

核电是安全的能量

核电与其他能源相比，也是最安全的能源之一。有人将核能与煤、石油、天然气、风、太阳能等能源单位输出能量造成的总危险性进行了比较，发现天然气发电的危险性最低，其次是核电站，第三位是海洋温差发电。其他大多数能源都有较大的危险性，其中煤和石油的危险性约为天然气的 400 倍。

一些新能源如风能、太阳能等之所以危险性较大，是因为它们的单位能量输出需要大量的材料和劳动。风能和太阳能是发散性的能，很微弱，要积聚大量的能量就需要相当大的收集系统和储存系统。根据计算表明，天然气发电需要的材料最少，建造的时间也最短；风能发电需要的材料最多，而太阳能电站

需要建造的时间最长。由于需要大量的材料和很长的建造时间，就意味着要进行开采、运输、加工和建造等大量的工业活动。而每种工业活动都有一定的危险性，将所有的危险性加起来，其总危险性自然就相当大了。

综上所述可以看出，与人们的直观感觉正相反，太阳能、风能和常规能源中的煤、石油等的总危险性都是很高的，而许多人担心的核电站的总危险性却低得多。因此，使用核电站是非常安全的，这已为多年的使用实践所证明。

由于核电技术日趋成熟和它具有突出的优点，加上世界能源供应的紧张形势，使核电得到越来越迅速的发展。意大利国家电力公司决定，今后几十年内新建电站全部或绝大部分是核电站。一些第三世界国家如印度、阿根廷、巴基斯坦和巴西等国同样对核电很重视，已建成了自己的核电站，其他发展中国家也在加紧筹建核电站。

然而，在这大力发展核电站热潮的背后，却有不少人对核电站的发展担心，特别是1979年3月美国三里岛核电站和1986年4月苏联切尔诺贝利核电站发生事故，以及2011年3月11日日本福岛第一核电站1号反应堆所在建筑物爆炸已经引起世界各国的关注，人们担心这个"核老虎"会伤人。

其实，核能是种安全、清洁的新能源。从第一座核电站建成以来，全世界已投入运行的核电站已近450座，多年来基本上是安全正常的。核电站对环境的污染也比火电站小得多。火电站在工作时，它"肚子"里存不住东西，不断向大气里排放大量的二氧化硫和一氧化氮等有害物质，而且煤里的少量铀、钍和镭等放射性物质也会随着烟尘飘落到火电站的周围，污染环境，影响人们健康。

核电站就不同了，它"肚子"里的"脏"东西由于设置了层层屏障而被严严实实地包在里面，基本上不排放污染环境的物质，就是放射性污染也比烧煤电站少得多。据统计，一座100万千瓦的烧煤电站通过烟囱排放的放射物质剂量比核电站大3倍左右。实际上，核电站正常运行时，一年给居民带来的放射性影响，还不到一次X射线透视所受的剂量，所以不会对人体造成损害。

为了防止核反应堆里的放射性物质泄露出来，人们给核电站设置了四道屏障：一是对核燃料芯块进行处理，拔掉它的"核牙齿"。现在的核反应堆都采用耐高温、耐腐蚀的二氧化铀陶瓷型核燃料芯块，并经烧结、磨光后，能保留住98%以上的放射性物质不泄露出去；二是用锆合金制作包壳管。将二氧化铀陶瓷型芯块装进管内，叠垒起来，就成了燃料棒。这种用锆合金或不锈钢制成的包壳管，能保证在长期使用中不使放射性裂变物质逸出，而且一旦管壳破损能够被及时发现，以便采取必要的措施；三是将燃料棒封闭在严密的压力容器中。这样，即使堆芯中有 1% 的核燃料元件发生破坏，放射性物质也不会泄露出来；四是把压力容器放在安全壳厂房内。通常，核电站的厂房均采用双层壳件结构，对放射性物质有很强的防护作用。万一放射性物质从堆内泄露出去，有这道屏障阻挡，就会使人体免受伤害。

事实证明，核电站的这些屏障是十分可靠和有效的，即使像美国三里岛核电站那样大的事故，也没有对环境和居民造成危害。

综上所述可以看出，与人们的直观感觉正相反，太阳能、风能和常规能源中的煤、石油等的总危险性都是很高的，而许多人担心的核电站的总危险性却低得多。因此，使用核电站是非常安全的，这已为多年的使用实践所证明。

►► 知识点 ►►►►

放 射 性

放射性是指某些核素的原子核具有的自发放出带电粒子流或 γ 射线，或在俘获轨道电子后放出 X 射线或自发裂变的特性。这些射线用肉眼看不见，也感觉不到，只能用专门的仪器才能探测到。在目前已发现的 100 多种元素中，约有 2 600 多种核素。其中稳定性核素仅有 280 多种，放射性核素有 2 300 多种。放射性核素又可分为天然放射性核素和人工放射性核素两大类。天然放射性是指天然存在的放射性核素所具有的放射性。它们大多属于由重元素组成的 3 个放射系（即钍系、铀系和锕系）。人工放射性是指用核反应的办法所获得的放射性。人工放射性最早是在 1934 年由法国科学家居里夫妇发现的。在大剂量的照射下，放射性对人体和动物存在着某种损害作用。

延伸阅读

切尔诺贝利核电站事故

切尔诺贝利核电站是苏联最大的核电站，位于乌克兰基辅市以北 130 千米处。1986 年 4 月 26 日，由于电站人员多次违反操作规程，导致反应堆能量增加，26 日凌晨，反应堆熔化燃烧，引起爆炸，放射性物质源源泄出，4 台机组中的 3 台机组暂停运转，事故发生时当场炸死 2 人，遭辐射受伤 204 人。随着放射性物质的不断泻出，核污染进一步扩大，欧洲大部分地区都受到了牵连，成千上万的人被迫离开了家园，切尔诺贝利成了荒凉的不毛之地，专家断言，切尔诺贝利事故的后果将会延续百年之久。

大显身手的核电池

随着人类航天航空事业的发展，对航天器上各类元器件的技术要求也越来越高，如对航天器上应用的电源就有着特殊的要求。首先要"袖珍式"的，小而轻；还必须要性能可靠，万无一失；寿命要长，成本要尽量低。

目前宇宙载人航行通常采用氢 – 氧燃料电池为能源，它除了能提供需要的能源外，还能得到副产品水，供航天员饮用。但是，燃料电池的自重偏大，使用寿命相对较短。

航天器上采用较多的是太阳能电池，它工艺成熟、性能可靠、寿命也长。但是，太阳能电池离不开阳光，一旦航天器飞到星球

高电容量燃料电池

的背光面，或者进入像金星那样不透明的大气里，或在向远离太阳的其他星球飞行中，太阳能电池就"英雄无用武之地"了。此外，太阳能电池功率不易做大，如果需要提供 100 千瓦功率，其集光板面积就需要 1 000 平方米，这在航天器上是很难做到的。

　　能够弥补太阳能电池不足的只有核电池。

　　核电池是把放射性燃料的核能转变成电能的装置（也叫"放射性同位素温差发电器"）。它用钚238、锶90、钴60 等放射性同位素做热源。在同位素中，有的能够发生衰变。有的同位素在衰变过程中，不断地放出具有热能的射线，被叫做放射性同位素。人们通过半导体换能器将这些射线的热量转变为电能，制成了核电池。

　　核电池有许多优点。首先，由于放射性元素衰变时释放出的能量的多少及释放速度不受外界环境因素如温

小型核电池

度、压力、电磁场等的影响，因此核电池具有其他电池无法相比的抗干扰性强、工作准确可靠的优点。特别是由于放射性同位素衰变时间很长，决定了核电池可以长期使用。另外，核电池不像太阳能电池那样必须依赖阳光，也不怕海水腐蚀，在航天、潜海等许多领域得到应用。

　　第一个核电池是在 1959 年由美国科学家制成的，此后核电池的研究发展很快。1961 年，它为一颗美国发射的人造地球卫星"探险者 1 号"提供了能源。在 20 世纪 70 年代初期国外相继发射的几个木星探测器上，都装有高性能核电池。后来发射的火星探测器上也装有这类核电池。美国发射的两艘"旅行者号"飞船用的正是寿命比任何电池都长的核电池。

　　大海的深处，也是核电池的用武之地。用它做海底潜艇导航信标的电源，能保证航标每隔几秒闪光一次，几十年可以不换电池。用它做海底电缆中继站的电源，五六千米深海处的巨大压力也奈何它不得，而且能安全可靠地长期工作。

更有意义的是，自 1970 年 4 月起，全世界已有成千上万人使用了带核电池的心脏起搏器。使用的微型核电池有一种以钽铂合金做外壳，内装 150 毫克钚 238 做燃料，整个电池的重量只有 160 克，可以在人体内可靠地连续工作 10 年以上。

随着人类对核技术的进一步掌握，人类利用核电池的领域会更加广大。

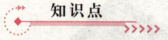 **知识点**

同 位 素

同位素是具有相同原子序数而质量数不同（即中子数不同）的同一化学元素的两种或多种原子之一，如氢有 3 种同位素：氕、氘（又叫重氢）、氚（又叫超重氢）；碳有多种同位素。同位素在元素周期表上占有同一位置。

同位素虽然质量数不同，但化学性质基本相同。同位素的表示是在该元素符号的左上角注明质量数，例如 ^{14}碳，一般用 ^{14}C 而不用 C^{14}。自然界中许多元素都有同位素。同位素有的是天然存在的，有的是人工制造的，有的具有放射性，有的没有放射性。

 **延伸阅读**

核电池的分类

核电池可分为高电压型和低电压型两种类型。高电压型核电池以含有 β 射线源的物质制成发射极，周围用涂有薄碳层的镍制成收集电极，中间是真空或固体介质。低电压型核电池又分为温差电堆型、气体电离型和荧光 – 光电型 3 种结构。温差电堆型低电压型核电池的原理同以放射性同位素为热源的温差发电器相同，由此又称同位素温差发电器。气体电离型核电池是利用放射源使两种不同逸出功的电极材料间的气体电离，再由两极收集载流子而获得电能。荧光－光电型核电池利用放射性同位素衰变时产生的射线激发荧光材料发光，再使用光电转换板（太阳能电池板）将荧光转化为电力。

核聚变的美好畅想

通过核裂变获取能量无疑会在我们的生活中起更加重要的作用。在未来的能源结构中，核裂变放出的电将占更大的比例。但是，出于对核裂变存在的种种担心（主要是关于核裂变产生的放射性），科学家把目光投向了元素周期表的另一端。即发现原子核不仅是可以分裂的，而且发现原子核也是可以聚合的。

地球上几乎所有的能源都源自太阳。可太阳的能源是什么呢？天文学家发现太阳里主要是氢，每个氢原子核是由一个质子组成的，4 个氢原子核能组成由两个质子和两个中子构成的氦原子核，并释放出大量的能量。由几个小原子核合成一个大原子核的过程称为核聚变。

核聚变放出的能量比裂变大得多，而产生的放射性只是裂变的百万分之一。1 千克氘在聚变过程中放出来的能量相当于燃烧 2 万吨标准煤。

已经发现有很多元素可以作为聚变反应堆的燃料。最重要的是氢的两个重同位素：氘和氚。氘一般出现在重水中，它在海水中占 1/6 500，分离出来是相当容易的。所以，较之核裂变，聚变的原料几乎是取之不尽的。

聚变反应堆的燃料是气态的，需要极高的温度。之所以如此，是因为原子核都带有相同的电荷，彼此之间相互排斥，只有当原子核的动能非常大时，它们才能接近而发生聚变。在 $5 \times 10^7 K \sim 2 \times 10^8 K$ 这样的温度下，原子中的轨道电子被剥夺，于是气体离子化——分别成为带正电的粒子和带负电的粒子，这种状态的气体被称之为等离子体。

聚变反应除需要高温外，还要有一定的粒子密度。科学家必须想办法把等离子体装到一个容器中去。等离子体是带电的，装它的容器不是我们常见的玻璃容器或钢容器，而是一种看不见的容器，是一个用磁感线包容起来的容器。

这样，高速运动的等离子体只能在这个磁感线包容的容器中飞动，却无论如何逃逸不出去，这种磁场最好是设计成环形，即轮胎状，苏联把这样的特殊容器叫托卡马克，美国叫仿星器。

进行氘—氚聚变反应的反应堆，它所产生的能量有80%都通过快速中子释放出来。这些中子可以用来加热液态锂做成的套壳，锂再加热水产生蒸汽，最终就能够推动蒸汽轮机发出电来。这些中子还会使一些锂核发生裂变而生成氚核，它可以被分离出来做基本的聚变反应的燃料。所需要的氘，则可以从海水中提取。

有人提出一种新的制取方式，即不用磁力约束方法，而是通过使用大功率激光来获得。将氘—氚燃料丸注入到一个球室或反应室中，当燃料到达反应室中央时，密度非常高的激光束将燃料丸加热到聚变温度而立即发生聚变反应。能量以热能的形式储存在锂壳内，然后通过热交换器将热量抽出，用来生产供常规汽轮机所用的蒸汽。

尽管现在还没有出现从海水中提取氘原料的聚变发电厂，但科学家们已经设计出了方案，这种聚变发电站的运转费用只有使用矿物燃料的发电站的1/12，而危险性则大为降低，因此，核聚变电站的建立和应用大有希望，有着辉煌的明天。

知识点

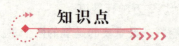

重同位素

某一元素中质量较大的同位素，相对于质量较小的同位素而言，称为重同位素。在周期表后半部的同位素，质量数较大，相对于前半部质量数较小的同位素而言，也称为重同位素。例如氢有两个重同位素：氘和氚。

核聚变发电的实现

实际上，人类早已实现了氘—氚核聚变，即氢弹爆炸，但氢弹爆炸是不可控制的爆炸性核聚变，瞬间能量释放只能给人类带来灾难。如果能让核聚变反应按照人们的需要，长期持续释放，才能使核聚变发电，实现核聚变能的和平利用。

要实现核聚变发电，那么在核聚变反应堆中，第一步需要将作为反应体的氘—氚混合气体加热到等离子态，也就是温度足够高到使得电子能脱离原子核的束缚，让原子核能自由运动，这时才可能使裸露的原子核发生直接接触，而这需要达到大约 10 万摄氏度的高温。第二步，由于所有原子核都带正电，按照"同性相斥"原理，两个原子核要聚到一起，必须克服强大的静电斥力。两个原子核之间靠得越近，静电产生的斥力就越大，只有当它们之间互相接近的距离达到大约万亿分之三毫米时，核力（强作用力）才会伸出强有力的手，把它们拉到一起，从而放出巨大的能量。

核聚变物质一般选择氢的同位素氘和氚。氢是宇宙中最轻的元素，在氢的同位素中，氘和氚之间的聚变最容易，氘和氘之间的聚变就困难些，氚和氚之间的聚变就更困难了。因此在进行聚变时，先考虑氘、氚之间的聚变，后考虑氘、氘之间的聚变。为了克服带正电原子核之间的斥力，原子核需要以极快的速度运行，要使原子核达到这种运行状态，就需要继续加温，直至上亿摄氏度，温度越高，原子核运动越快，以至于它们没有时间相互躲避而发生碰撞，核聚变反应就发生了。

电磁波
DIANCIBO

电磁波也是一种能量，生活中它无处不在，凡是高于绝对零度（-273.15℃）的物体，都会释放出电磁波。变化的电场会产生磁场，变化的磁场会产生电场。变化的电场和变化的磁场构成了一个不可分离的统一的场，这就是电磁场，而变化的电磁场在空间的传播就形成了电磁波。

电磁波可以有效地传递能量。微波、红外线、紫外光、X射线和γ射线这些电磁波均有自己独特的能量和传递能量的独特方式，也各自在独特的应用领域"大展拳脚"。

微波能量

微波是指频率为 $3 \times 10^5 \sim 3 \times 10^{12}$ 赫兹的电磁波，是无线电波中一个有限频带的简称，即波长在1米（不含1米）到0.1毫米之间的电磁波，是分米波、厘米波、毫米波和亚毫米波的统称。微波频率比一般的无线电波频率高，通常也称为"超高频电磁波"。

微波能通常由直流电或50赫兹交流电通过一特殊的器件来获得。可以产生微波的器件有许多种，但主要分为两大类：半导体器件和电真空器件。

电 子 管

电真空器件是利用电子在真空中运动来完成能量变换的器件，或称之为电子管。在电真空器件中能产生大功率微波能量的有磁控管、多腔速调管、微波三极管、微波四极管、行波管等。在目前微波加热领域，特别是工业应用中使用的主要是磁控管及速调管。

微波的基本性质通常呈现为穿透、反射、吸收3个特性。对于玻璃、塑料和瓷器，微波几乎是穿越而不被吸收。对于水和食物等就会吸收微波而使自身发热。而对金属类东西，则会反射微波。

从电子学和物理学观点来看，微波这段电磁频谱具有不同于其他波段的如下重要特点：

穿透性

微波比其他用于辐射加热的电磁波，如红外线、远红外线等波长更长，因此具有更好的穿透性。微波透入介质时，由于介质损耗引起的介质温度的升高，使介质材料内部、外部几乎同时加热升温，形成体热源状态，大大缩短了常规加热中的热传导时间，且在条件为介质损耗因数与介质温度呈负相关关系时，物料内外加热均匀一致。

选择性加热

物质吸收微波的能力，主要由其介质损耗因数来决定。介质损耗因数大的物质对微波的吸收能力就强，相反，介质损耗因数小的物质吸收微波的能力就弱。由于各物质的损耗因数存在差异，微波加热就表现出选择性加热的特点。物质不同，产生的热效果也不同。水分子属极性分子，介电常数较大，其介质损耗因数也很大，对微波具有强吸收能力。而蛋白质、碳水化合物等的介电常数相对较小，其对微波的吸收能力比水小得多。因此，对于食品来说，含水量的多少对微波加热效果影响很大。

热惯性小

微波对介质材料是瞬时加热升温，能耗也很低。另一方面，微波的输出功率随时可调，介质温升可无惰性地随之改变，不存在"余热"现象，极有利于自动控制和连续化生产的需要。

似光性

微波波长很短，使得微波的特点与几何光学相似，即所谓的似光性。因此使用微波工作，能使电路元件尺寸减小；使系统更加紧凑；可以制成体积小、波束窄、方向性很强、增益很高的天线系统，接受来自地面或空间各种物体反射回来的微弱信号，从而确定物体方位和距离，分析目标特征。

似声性

由于微波波长与物体（实验室中无线设备）的尺寸有相同的量级，使得微波的特点又与声波相似，即所谓的似声性。例如微波波导类似于声学中的传声筒；喇叭天线和缝隙天线类似于声学喇叭；微波谐振腔类似于声学共鸣腔。

非电离性

微波的量子能量还不够大，不足以改变物质分子的内部结构或破坏分子之间的键。分子、原子核在外加电磁场的周期力作用下所呈现的许多共振现象都发生在微波范围，因而微波为探索物质的内部结构和基本特性提供了有效的研究手段。另一方面，利用这一特性，还可以制作许多微波器件。

信息性

由于微波频率很高，所以在不大的相对带宽下，其可用的频带很宽，可达数百甚至上千兆赫兹。这是低频无线电波无法比拟的。这意味着微波的信息容量大，所以现代多路通信系统，包括卫星通信系统，几乎无例外都是工作在微波波段。另外，微波信号还可以提供相位信息、极化信息、多普勒频率信息。这在目标检测、遥感目标特征分析等应用中十分重要。

雷 达

微波的应用范围十分广泛，它最重要的应用是雷达和通信。雷达不仅用于国防，同时也用于导航、气象测量、大地测量、工业检测和交通管理等方面。通信应用主要是现代的卫星通信和常规的中继通信。射电望远镜、微波加速器等对于物理学、天文学等的研究具有重要意义。毫米波微波技术对控制热核反应的等离子体测量提供了有效的方法。微波遥感已成为研究天体、气象和大地测量、资源勘探等的重要手段。微波在工业生产、农业科学等方面的研究，以及微波在生物学、医学等方面的研究和发展已越来越受到重视。

知识点

介 质

波动能量的传递，需要某种物质基本粒子的运动来实现，这种对波的传

播起传递作用的物质，就称为这种波的介质。介质的成分、形状、密度、运动状态等，决定了波动能量的传递方向和速度。介质可以为固体、液体，也可以为气体。如空气可以是声音的介质，水也可以是声音的介质。

延伸阅读

微波杀菌的奥秘

微波杀菌是利用电磁场的热效应和生物效应的共同作用的结果。微波对细菌的热效应是使蛋白质变化，使细菌失去营养，破坏其繁殖和生存的条件而致细菌死亡。微波对细菌的生物效应是微波电场改变细胞膜断面的电位分布，影响细胞膜周围电子和离子浓度，从而改变细胞膜的通透性能，细菌因此营养不良，不能正常新陈代谢，细胞结构功能紊乱，生长发育受到抑制而死亡。此外，微波能使细菌正常生长和稳定遗传繁殖的核酸（RNA）和脱氧核糖核酸（DNA）若干氢键松弛、断裂和重组，从而诱发遗传基因突变，或染色体畸变甚至断裂。

红外线能量

红外线是太阳光线中众多不可见光线中的一种，由德国科学家霍胥尔于1800年发现，又称为红外热辐射。

霍胥尔将太阳光用三棱镜分解开，在各种不同颜色的色带位置上放置了温度计，试图测量各种颜色的光的加热效应。结果发现，位于红光外侧的那支温度计升温最快。因此得到结论：太阳光谱中，红光的外侧必定存在看不见的光线，这就是红外线。太阳光谱上红外线的波长大于可见光线，波长为 0.75 ~ 1 000 微米。

红外线具有热效应和穿透云雾的能力，因此它具有独特的生理治疗作用。

红外线照射体表后，一部分被反射，另一部分被皮肤吸收。皮肤对红外线的反射程度与色素沉着的状况有关，用波长 0.9 微米的红外线照射时，无色素沉着的皮肤反射其能量约 60%；而有色素沉着的皮肤反射其能量约 40%。长波红外线照射时，绝大部分被反射和为浅层皮肤组织吸收，穿透皮肤的深度仅达 0.05~2 毫米，因而只能作用到皮肤的表层组织；短波红外线以及红色光的近红外线部分透入组织最深，穿透深度可达 10 毫米，能直接作用到皮肤的血管、淋巴管、神经末梢及其他皮下组织。

红外线治疗作用的基础是温热效应。在红外线照射下，组织温度升高，毛细血管扩张，血流加快，物质代谢增强，组织细胞活力及再生能力提高。红外线治疗慢性炎症时，改善血液循环，增加细胞的吞噬功能，消除肿胀，促进炎症消散。红外线可降低神经系统的兴奋性，有镇痛、解除横纹肌和平滑肌痉挛以及促进神经功能恢复等作用。在治疗慢性感染性伤口和慢性溃疡时，改善组织营养，消除肉芽水肿，促进肉芽生长，加快伤口愈合。红外线照射有减少烧伤创面渗出的作用。红外线还经常用于治疗扭挫伤，促进组织肿张和血肿消散以及减轻术后黏连，促进瘢痕软化，减轻瘢痕挛缩等。

光浴的作用因素是红外线、可见光线和热空气。光浴时，可使较大面积，甚至全身出汗，从而减轻肾脏的负担，并可改善肾脏的血液循环，有利于肾功

红外线微光夜视仪

能的恢复。光浴作用可使血红蛋白、红细胞、中性粒细胞、淋巴细胞、嗜酸粒细胞增加，加强免疫力。局部浴可改善神经和肌肉的血液供应和营养，因而可促进其功能恢复正常。全身光浴可明显地影响体内的代谢过程，增加全身热调节的负担；对自主神经系统和心血管系统也有一定影响。

红外线的应用十分广泛，常用于生活中高温杀菌，红外线夜视仪，监控设备，手机的红外口，宾馆的房门卡，汽车、电视机的遥控器，洗手池的红外感应，饭店门前的感应门等。

主动式红外夜视仪具有成像清晰、制作简单等特点，但它的致命弱点是红外探照灯的红外光会被红外探测装置发现。20世纪60年代，美国首先研制出被动式的热像仪，它不发射红外光，不易被敌发现，并具有透过雾、雨等进行观察的能力。

主动式红外夜视仪

1991年海湾战争中，在风沙和硝烟弥漫的战场上，由于美军装备了先进的红外夜视器材，能够先于伊拉克军的坦克而发现对方，并开炮射击。而伊军只是从美军坦克开炮时的炮口火光上才得知大敌在前。由此可以看出红外夜视器材在现代战争中的重要作用。

红外热成像仪是根据凡是高于一切绝对零度（−273℃）以上的物体都有辐射红外线的基本原理、利用目标和背景自身辐射红外线的差异来发现和识别目标的仪器。由于各种物体红外线辐射强度不同，从而使人、动物、车辆、飞

红外热成像仪

机等清晰地被观察到，而且不受烟、雾及树木等障碍物的影响，白天和夜晚都能工作，是目前人类掌握的最先进的夜视观测器材。但由于价格特别昂贵，现在只能被应用于军事上，但由于热成像的应用范围非常广泛，在电力、地下管道、消防医疗、救灾、工业检测等方面都有巨大的市场，随着社会经济的发展、科学技术的进步，红外热成像这项高技术必将大规模地应用于民间市场，为人类做出贡献。

知识点

绝 对 零 度

绝对零度是指理论上所能达到的最低温度，通常把 −273.15℃ 定为热力学温标的零度，即绝对零度。物质的温度取决于组成物质的原子、分子等粒子的动能。粒子动能越高，物质的温度就越高。理论上，若粒子动能低到量子力学的最低点时，物质即达到绝对零度，不能再低。然而，绝对零度永远无法达到，只可无限逼近。因为任何空间必然存有能量和热量，也不断进行相互转换而不消失，所以绝对零度是不存在的，除非该空间自始就没有任何能量和热量。

红外线对人眼的伤害

　　红外线对眼的伤害有几种不同情况，波长为 7 500～13 000 埃的红外线对眼角膜的透过率较高，可造成眼底视网膜的伤害。特别是 11 000 埃附近的红外线，可使眼的前部介质（角膜晶体等）不受损害而直接造成眼底视网膜烧伤。波长 19 000 埃以上的红外线，几乎全部被角膜吸收，会造成角膜烧伤（表现是角膜混浊、白斑）。波长大于 14 000 埃的红外线的能量绝大部分被角膜和眼内液所吸收，透不到虹膜。只有 13 000 埃以下的红外线才能透到虹膜，造成虹膜伤害。另外，人眼如果长期暴露于红外线内可能引起白内障。

紫外线能量

　　紫外线是电磁波谱中波长从 0.01～0.40 微米辐射的总称，不能引起人们的视觉。电磁波谱中波长 0.01～0.04 微米辐射，即可见光紫端到 X 射线间的辐射。

　　1801 年德国物理学家里特发现在日光光谱的紫端外侧一段能够使含有溴化银的照相底片感光，因而发现了紫外线的存在。

　　自然界的主要紫外线光源是太阳。太阳光透过大气层时波长短于 290×10^{-9} 米的紫外线为大气层中的臭氧吸收掉。人工的紫外线光源有多种气体的电弧（如低压汞弧、高压汞弧），紫外线有化学作用能使照相底片感光，荧光作用强，日光灯、各种荧光灯和农业上用来诱杀害虫的黑光灯都是用紫外线激发荧光物质发光的。紫外线的粒子性较强，能使各种金属产生光电效应。

　　紫外线是位于日光高能区的不可见光线。依据紫外线自身波长的不同，可将紫外线分为 3 个区域。即短波紫外线、中波紫外线和长波紫外线。

短波紫外线简称 UVC，是波长 200～280nm（纳米）的紫外光线。短波紫外线在经过地球表面同温层时被臭氧层吸收，不能到达地球表面。短波紫外线对人体可产生重要作用，因此，对短波紫外线应引起足够的重视。

中波紫外线简称 UVB，是波长 280～320nm 的紫外线。中波紫外线对人体皮肤有一定的生理作用。此类紫外线的极大部分被皮肤表皮所吸收，不能渗入皮肤内部。但由于其阶能较高，对皮肤可产生强烈的光损伤，被照射部位真皮血管扩张，皮肤可出现红肿、水泡等症状。长久照射皮肤会出现红斑、炎症、皮肤老化，严重者可引起皮肤癌。由此中波紫外线又被称作紫外线的晒伤（红）段，是应重点预防的紫外线波段。

长波紫外线简称 UVA，是波长 320～400nm 的紫外线。长波紫外线对衣物和人体皮肤的穿透性远比中波紫外线要强，可达到真皮深处，并可对表皮部位的黑色素起作用，从而引起皮肤黑色素沉着，使皮肤变黑，因而长波紫外线也被称作"晒黑段"。长波紫外线虽不会引起皮肤急性炎症，但对皮肤的作用缓慢，可长期积累，是导致皮肤老化和严重损害的原因之一。

由此可见，防止紫外线照射给人体造成的皮肤伤害，主要是防止紫外线 UVB 的照射；而防止 UVA 紫外线，则是为了避免皮肤晒黑。在欧美，人们认为皮肤黝黑是健美的象征，所以反而在化妆品中要添加晒黑剂，而不考虑对长波紫外线的防护。近年来这种观点已有改变，由于认识到长波紫外线对人体可能产生的长期的严重损害，所以人们开始加强对长波紫外线的防护。

知识点

电 弧

电弧是一种气体放电现象，指电流通过某些绝缘介质（如空气）所产生的瞬间火花。当用开关电器断开电流时，如果电路电压不低于 10～20 伏，电流不小于 80～100mA，电器的触头间便会产生电弧。按电流的种类，电弧可分为交流电弧、直流电弧和脉冲电弧；按电弧的状态，电弧可分为自由电弧和压缩电弧；按电极材料，电弧可分为熔化极电弧和不熔化极电弧。工业中利用电弧放电可进行焊接、冶炼、照明、喷涂等。

延伸阅读

紫外线杀菌、脱臭的原理

波长为 200～290 纳米的紫外线能穿透细菌、病毒的细胞膜，给核酸造成损伤，使细胞失去繁殖能力，达到快速杀菌的效果。紫外线杀菌广泛应用于食品、电子、半导体、液晶显示器、精密器件、化工、医学、保健、生物、饮料、农业等领域。

波长 200 纳米以下的短波长紫外线能分解氧气分子，生成的物质再与氧气结合产生臭氧（O_3）。紫外线和臭氧具有强的氧化分解包括恶臭在内的有机分子的能力，两者相互作用在空气净化处理中发挥出巨大威力。

X 射线能量

1895 年 9 月 8 日，德国实验物理学家伦琴正在做阴极射线实验。阴极射线是由一束电子流组成的。当位于几乎完全真空的封闭玻璃管两端的电极之间有高电压时，就有电子流产生。阴极射线并没有特别强的穿透力，连几厘米厚的空气都难以穿过。

这一次伦琴用厚黑纸完全覆盖住阴极射线，这样即使有电流通过，也不会看到来自玻璃管的光。可是当伦琴接通阴极射线管的电路时，他惊奇地发现在附近一条长凳上的一个荧光屏（镀有

伦　琴

一种荧光物质氰亚铂酸钡）上开始发光，像是受一盏灯的感应激发出来似的。他断开阴极射线管的电流，荧光屏即停止发光。由于阴极射线管完全被覆盖，伦琴很快就认识到当电流接通时，一定有某种不可见的辐射线自阴极发出。由于这种辐射线的神秘性质，他称之为"X射线"。

X射线的特征是波长非常短，频率很高，其波长约为（0.06~20）×10^{-8}厘米之间。因此X射线必定是由于原子在能量相差悬殊的两个能级之间的跃迁而产生的。所以X射线光谱是原子中最靠内层的电子跃迁时发出来的，而光学光谱则是外层的电子跃迁时发射出来的。X射线在电场、磁场中不偏转。这说明X射线是不带电的粒子流，因此能产生干涉、衍射现象。

X射线具有很高的穿透本领，能透过许多对可见光不透明的物质，如墨纸、木料等。这种肉眼看不见的射线可以使很多固体材料发生可见的荧光，使照相底片感光以及空气电离等效应，波长越短的X射线能量越大，叫做硬X射线；波长长的X射线能量较低，称为软X射线。当在真空中，高速运动的电子轰击金属靶时，靶就放出X射线，这就是X射线管的结构原理。

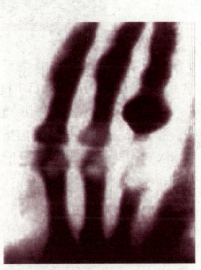

第一张人手X射线照片

伦琴发现X射线后仅仅几个月时间内，它就被应用于医学影像。1896年2月，苏格兰医生约翰·麦金泰在格拉斯哥皇家医院设立了世界上第一个放射科。

临床上常用的X线检查方法有透视和摄片两种。透视较经济、方便，并可随意变动受检部位作多方面的观察，但不能留下客观的记录，也不易分辨细节。摄片能使受检部位结构清晰地显示于X线片上，并可作为客观记录长期保存，以便在需要时随时加以研究或在复查时作比较。必要时还可作X线特殊检查，如断层摄影、记波摄影以及造影检查等。选择何种X线检查方法，必须根据受检查的具体情况，从解决疾病（尤其是骨科疾病）的要求和临床需要而定。很快，X线检查成为了临床辅助诊断的方法之一。

借助计算机，人们可以把不同角度的X射线影像合成成三维图像，在医

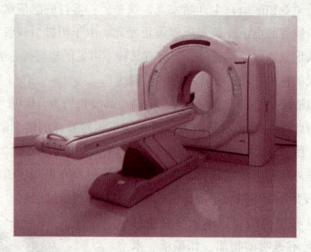

现代 CT 机

学上常用的电脑断层扫描（CT 扫描）就是基于这一原理的。

　　X 射线在工业中用来探伤。它可以激发荧光、使气体电离、使感光乳胶感光，故 X 射线可用电离计、闪烁计数器和感光乳胶片等检测。晶体的点阵结构对 X 射线可产生显著的衍射作用，由此 X 射线衍射法已成为研究晶体结构、形貌和各种缺陷的重要手段。

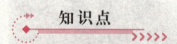

知识点

干涉和衍射现象

　　干涉现象是指两个或两个以上的波相遇时，发生叠加从而形成新波形的现象。声波、光波和其他电磁波等都有干涉现象。衍射现象是指波在传播时，如果被一个大小接近于或小于波长的物体阻挡，就绕过这个物体，继续进行的现象。如果通过一个大小近于或小于波长的孔，则以孔为中心，形成环形波向前传播。

延伸阅读

X 射线的生物效应

X 射线照射到生物机体时，可使生物细胞受到抑制、破坏甚至坏死，致使生物机体发生不同程度的生理、病理和生化等方面的改变。不同的生物细胞，对 X 射线有不同的敏感度。X 射线可用于治疗人体的某些疾病，特别是肿瘤的治疗。在利用 X 射线治疗肿瘤疾病的同时，人们也发现了导致病人脱发、皮肤烧伤等伤害的问题，因此在应用 X 射线的同时，应注意其对机体的伤害，注意采取必要的防护措施。

α、β、γ 射线能量

1898 年，英国物理家卢瑟福发现铀和铀的化合物所发出的射线有两种不同类型：一种是极易吸收的，他称之为 α 射线；另一种有较强的穿透能力，他称之为 β 射线。后来法国物理家维拉尔又发现具有更强穿透本领的第三种射线 γ 射线。由于组成 α 射线的 α 粒子带有巨大能量和动量，就成为卢瑟福用来打开原子大门、研究原子内部结构的有力工具。

卢瑟福用镭发射的 α 粒子做"炮弹"，用"闪烁法"观察被轰击的粒子的情况。1919 年，终于观察到氮原子核俘获一个 α 粒子后放出一个氢核，同时变

卢 瑟 福

成了另一种原子核的结果，这个新生的原子核后来被证实为是 ^{17}O 原子核。这是人类历史上第一次实现原子核的人工转变，把古代炼金术士梦寐以求的把一种元素变成另一种元素的空想变成现实。当时卢瑟福写了一本书就取名为《新炼金术》。

α（阿尔法）射线也称"甲种射线"，是放射性物质所放出的 α 粒子流。它可由多种放射性物质（如镭）发射出来。α 粒子的动能可达几兆电子伏特。从 α 粒子在电场和磁场中偏转的方向，可知它们带有正电荷。由于 α 粒子的质量比电子大得多，通过物质时极易使其中的原子电离而损失能量，所以它能穿透物质的本领比 β 射线弱得多，容易被薄层物质所阻挡，但是它有很强的电离作用。从 α 粒子的质量和电荷的测定，确定 α 粒子就是氦的原子核。

只释放出 α 粒子的放射性同位素在人体外部不构成危险，然而，释放 α 粒子的物质（镭、铀等等）一旦被吸入或注入，那将是十分危险的，它能直接破坏内脏的细胞。

β（贝塔）射线贯穿能力很强，电离作用弱，本来物理世界里没有左右之分的，但 β 射线却有左右之分。

β 射线是一种带电荷的，高速运行，从核素放射性衰变中释放出的粒子。人类受到来源于人造或自然界（^{3}H，^{14}C 等）β 射线的照射，β 射线比 α 射线更具有穿透力，但在穿过同样距离时，其引起的损伤更小。一些 β 射线能穿透皮肤，引起放射性伤害。但是它一旦进入体内引起的危害更大。β 粒子能被体外衣服消减、阻挡，一张几毫米厚的铝箔可将其完全阻挡。

γ（伽玛）射线又称 γ 粒子流。γ 射线是一种强电磁波，它的波长比 X 射线还要短，一般波长 <0.001 纳米。在原子核反应中，当原子核发生 α、β 衰变后，往往衰变到某个激发态，处于激发态的原子核仍是不稳定的，并且会通过释放一系列能量使其跃迁到稳定的状态，而这些能量的释放是通过射线辐射来实现的，这种射线就是 γ 射线。

原子核衰变和核反应均可产生 γ 射线。通过对 γ 射线谱的研究可了解核的能级结构。γ 射线有很强的穿透力，工业中可用来探伤或流水线的自动控制。γ 射线对细胞有杀伤力，医疗上用来治疗肿瘤。

当人类观察太空时，看到的为"可见光"，然而电磁波谱的大部分是由不同辐射组成的，当中的辐射的波长有较可见光长的，也有较之短的，大部分单靠肉眼并不能看到。通过探测伽玛射线能提供肉眼所看不到的太空影像。

γ射线具有极强的穿透本领。人体受到γ射线照射时，γ射线可以进入到人体的内部，并与体内细胞发生电离作用，电离产生的离子能侵蚀复杂的有机分子，如蛋白质、核酸和酶，它们都是构成活细胞组织的主要成分，一旦它们遭到破坏，就会导致人体内的正常化学过程受到干扰，严重的可以使细胞死亡。

γ射线弹除杀伤力大外，还有两个突出的特点：一是γ射线弹无需炸药引爆。一般的核弹都装有高爆炸药和雷管，所以贮存时易发生事故。而γ射线弹则没有引爆炸药，所以平时贮存安全得多。二是γ射线弹没有爆炸效应。进行这种核试验不易被测量到，即使在敌方上空爆炸也不易被觉察。因此γ射线弹是很难防

γ射线弹爆炸

御的，正如美国前国防部长科恩在接受德国《世界报》的采访时说，"这种武器是无声的、具有瞬时效应"。可见，一旦这个"悄无声息"的杀手闯入战场，将成为影响战场格局的重要因素。

γ射线是具有高能量的电磁波，基本上无法完全隔离，一般用重原子物质（铅）等进行隔离。

知识点

电磁波谱

无线电波、红外线、可见光、紫外线、X射线、γ射线这些电磁波的区别仅在于频率或波长有很大的差别。光波的频率比无线电波的频率要高很多，

光波的波长比无线电波的波长要短很多，而 X 射线和 γ 射线的频率则更高，波长则更短。按照波长或频率的顺序把这些电磁波排列起来，这就是电磁波谱。依照波长的长短以及波源的不同，电磁波谱可大致分为：无线电波、微波、红外线、可见光、紫外线、X 射线、γ 射线。

延伸阅读

对电磁波的防护

电磁波辐射是有一定危害的，要保护自己免受过量照射，在辐射的防护中需要注意 3 个主要因素：时间，距离，屏蔽。

（1）在辐射源附近时，要尽可能停留较短的时间，以减少辐射的照射。

（2）要尽可能远离辐射源，以减少受到的无形辐射。β 粒子一般具有很强的穿透能力，在空气中能走几百厘米的路程，也可以穿过几毫米厚的铝片，因此一定要特别注意对它的防御。

（3）尽可能在辐射源周围增加屏蔽，以减少辐射程度。

宇宙能
YUZHOUNENG

　　宇宙是个浩渺无限的世界，是由空间、时间、物质和能量构成的统一体，是一切空间和时间的综合。在这个无法界定的无始无终的世界里，能量是它必有的构成元素，一切的能量都在里面，只是人类对宇宙的了解还处于萌芽状态，对蕴含在里面的能量也所知甚少，有的还一无所知，因此对一些包括能量在内的宇宙现象只能尽其所能进行科学化的猜想。随着对宇宙了解的逐步加深，人类认识事物能力的增强，宇宙能量的最终奥妙也定会"大白于天下"的。

"地球发电机"

　　我们的地球是一个庞大的天然磁体，它的磁场却比较弱，总磁场强度不过0.6奥斯特。地球磁场的强度由奥斯特换算为伽玛，则是 6×10^4 伽玛，即6万伽玛。然而，地球却在不停地转动，它每23小时56分便自转1周，所具有的动能是一个很大的数值，为 2.58×10^{29} 焦耳。

　　具有磁场的天体旋转时，由于单极感应作用，就会产生电动势。如果我们把整个地球作为发电机的转子，以南北两极为正极，以赤道为负极，理论上可以获得 10 万伏左右的电压。这便是人们把地球本身当作一个巨大的发电机的一种设想。不过，如何把地球自转发出来的电引出来使用，还须有另外的方案或设想。

电磁感应定律告诉我们，导体在磁场中做切割磁感线的运动便会产生感应电流。由于地球本身具有磁性，所以，在地球及其周围空间存在着地磁场。

地球上的河流和海洋也是导电体。随着地球的自转，它们自然而然地就相对于地磁场产生了切割磁感线的运动。那么，河流和海洋中就有地磁场的感应电流了。要知道，光海洋就覆盖着地球表面的 70% 的面积还要多，如果想办法把河流和海洋中的感应电流引出来，不就有巨大的电能供我们使用了吗？显然，这是利用地球发电机的另一种方案。

富兰克林的风筝实验

还有，地球本身又是一个巨大的蓄电池。它经常被雷雨中眩目的闪光充电。雷雨云聚集和储存的大量负电荷，使云层下面的大地表面感应出正电荷。两种不同极性的电荷互相吸引，就驱使电子从云层奔向大地，形成闪电给地球充电。据估算，每秒钟约有 100 次闪电袭击地球，其闪光带长度从 300 米到 2 750 米不等。一次闪电电压可达 1 亿伏，电流可达 16 万安培，可以产生 37.5 亿千瓦的电能。但闪电持续时间很短，只有若干分之一秒。闪电中大约 75% 的能量作为热耗散掉了，它使闪电通道内的空气温度达到 15 000℃。空气受热迅速膨胀，就像爆炸时的气体一样，产生震耳欲聋的雷声，在 30 千米以外都能听到。

1752 年，伟大的富兰克林曾带着他的儿子在雷雨中用风筝捕捉闪电。

他的不怕牺牲、勇于探索的精神实在可嘉，但是他的实验结果，除了导致避雷针的发明外，在利用闪电方面却影响不大，至今还没有人找到利用闪电能的有效途径。在地球表面产生的具有强大能量的闪电，能不能直接用来为人类造福呢？已转化为热能的 75% 的闪电能是否也可利用呢？有没有办法使闪电不把那么多的能量转化为热能，仍保持电能的状态为我们所用呢？能不能撇开上述思路另辟蹊径，譬如，既然闪电已把电能传给了地球，我们能不能从利用蓄电池的角度，把地球当作一个巨大的蓄电池，想办法把电能引出来使用呢？这些答案恐怕要由未来的科学家们给出了。

知识点

电 动 势

电动势是一个表征电源特征的物理量。简单来说，电源的电动势是电源将其他形式的能转化为电能的本领，在数值上，等于非静电力将单位正电荷从电源的负极通过电源内部移送到正极时所做的功。它是能够克服导体对电流的阻力，使电荷在闭合的导体回路中流动的一种作用。常用符号 E（有时也可用 ε）表示，单位是伏（V）。

延伸阅读

风 筝 实 验

风筝实验是美国科学家本杰明·富兰克林的一次探试雷电的实验。1752年 6 月的一天，天空阴云密布，电闪雷鸣，一场暴风雨就要来临了。富兰克林和他的儿子威廉带着上面装有一个金属杆的风筝来到了一个空旷地带。富兰克林高举起风筝，他的儿子威廉拉着风筝线飞跑，风筝很快就被放上高空。不久，雷电交加，大雨倾盆。富兰克林和他的儿子一同拉着风筝线，此时，一道闪电从风筝上掠过，富兰克林用手靠近风筝上的铁丝，立即掠过一种麻木感。他抑制不住内心的激动，大声呼喊："我被电击了！"随后，他又将风筝线上的电引入莱顿瓶中。回到家里以后，富兰克林用雷电进行了各种电学实验，证明了天上的雷电与人工摩擦产生的电具有完全相同的性质。富兰克林关于天上和人间的电是同一种东西的假说，在这次冒险的风筝实验中得到了证实。

"反物质"能量

　　1908 年 6 月 30 日清晨，俄罗斯西伯利亚通古斯地区发生了一场前所未有的大爆炸，它的威力相当于 2 000 颗巨型原子弹同时爆炸，一时间爆炸的巨响震憾着万里长空，声音传到 1 000 千米之外，炽热的火球在空中翻滚，熊熊烈焰把 2 000 平方千米范围内的树木全部烧毁，巨大的

通古斯大爆炸留下的痕迹

气浪冲击着四面八方，100 平方千米以内的房屋屋顶全都被掀掉。这就是通古斯大爆炸。

　　1965 年，美国科学家李比博士发表文章，认为通古斯大爆炸的起因是"反物质"引起的。反物质经茫茫的宇宙，进入由正物质组成的世界，在正物质的引力作用下，落到西伯利亚的上空，跟正物质相撞，一瞬间，正反物质全部转化为巨大的能量，周围大气的温度急剧上升，产生剧烈膨胀而发生大爆炸。正反物质的这种反应叫做"湮没"反应，在反应过程中全部物质都转化为能量。"湮没"反应产生的能量非常巨大，至少比核反应产生的能量大 100 倍，而且不产生放射性。

　　什么是反物质？它为什么会有这么巨大的威力？这就得从科学家爱因斯坦

的一个著名的公式说起。爱因斯坦认为运动的物体都有能量，当它的总和是一个正值时，这种物质就是我们在生活中看到的各种物质。但是，当运动的物体所具有的能量的总和是一个负值时，情况就完全两样了，物质的性质跟我们日常所见的正好截然相反，那种物质就被称为反物质。

反物质的内部组成跟正物质正好相反。正物质的原子是由带正电荷的质子和带负电荷的电子组成的，而反物质的原子却是由带负电荷的质子和带正电荷的电子组成的。所以，反物质受力后，它的运动方向跟正物质的运动方向完全相反。当你向前推它，它却往后靠；当你往南推它，它却向北移动。正反物质在短距离内是"水火不相容"的，它们很难同时存在，一旦相遇，就相互吸引，通过碰撞而同归于尽，同时放出大量的能量。在我们所处的半个宇宙中，只有正物质存在，而离我们非常遥远的另半个宇宙中，却是反物质的世界。

经过科学家几十年的努力，现在已经找到各种反粒子和反物质。1932 年，科学家在宇宙射线实验中，发现了正电子。正电子是电子的反粒子。1955 年，科学家获得了反质子和反中子。反质子是质子的反粒子；反中子是中子的反粒子。1965 年，科学家得到了世界上第一个反物质，由反质子和反中子组成的"反氘"，后来，又得到了反物质"反氢"。

既然反物质确实存在，那么，利用反物质的特性，利用物质和反物质在湮没过程中释放的巨大能量，把反物质作为未来能源，前景那真是太美妙了。把反物质跟化学燃料相比较，需要使用的量相差得实在太大了。比如，把航天飞机、巨型火箭送上太空，使用液体化学燃料大概是 200 吨，如果换用反物质，只需 10 毫克（相当于小小的一粒盐）就足够了。

但是，现在要充分利用反物质还有许多困难。要得到反物质，除了研制技术上的难度非常大外，生产费用也大得惊人。初步估计，生产 1 克反物质，至少要花费 10 亿美元。另外，反物质的贮存、运输也是一大难题，因为它只要一接触普通的物质，就会立即爆炸。

目前，对反物质的研究还处在探索阶段，要利用反物质的能量，只能说是一个美好的理想。但是总有一天，这个美好的理想会在科研人员的努力下变成现实。

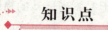
知识点

> ## 反 粒 子
>
> 在原子核以下层次的物质的单独形态以及轻子和光子，统称粒子。所有的粒子，都有与其质量、寿命、自旋、同位旋相同，但电荷、重子数、轻子数、奇异数等量子数异号的粒子存在，称为该种粒子的反粒子。一切粒子均有其相应的反粒子，如电子 e^- 的反粒子是正电子 e^+，质子的反粒子是反质子，中子的反粒子是反中子。有些粒子的反粒子就是它自己。

延伸阅读

找寻宇宙射线中的反粒子

1998 年夏天，美国宇航局把阿尔法磁谱仪送上了太空。阿尔法磁谱仪的主要目标之一是寻找宇宙射线中的反原子核。阿尔法磁谱仪计划的基本想法是：如果宇宙中有等量的物质和反物质，那么在 3 000 万光年之外应有大范围的反星系区存在。在那里，原始的宇宙射线应是由反质子和反 α 粒子组成的。那里的部分宇宙射线粒子会飞进我们这个由正物质构成的区域。由于星系际大部分地方很空旷，气体的密度约只有每立方米一个质子的质量，因此反原子核可自由地飞行很长的距离。这样，放置在地球大气层之外的磁谱仪就能接收到它。

阿尔法磁谱仪能同时准确地测定飞入仪器的粒子的质量和电荷。当太空中有反 α 粒子飞入磁谱仪时，它是很容易被分辨出来的。但可惜的是，阿尔法磁谱仪没有找到反物质的踪迹。

把万物变成能量

大物理学家爱因斯坦早在 20 世纪初就指出：物质和能量，原来是同一事物的两种不同表现形式，它们之间是可以相互转换的。相互转换的关系就是爱因斯坦的物质—能量转换方程：

$$E = mc^2$$

或者用我们普通的话说，就是：

能量 = 质量 × 光速 × 光速

用不着具体计算，一眼就看出这是一个极大的数字，因为光速是极大的，光能 1 秒钟绕地球七圈半。两个光速再相乘，可想而知，这个数字有多大。

大物理学家爱因斯坦

这说明了什么？这就是说，从原理上讲，只要很少的一点物质，就能转化成巨大的能量。具体的数字是：

1 克重量相当于 2 497 万千瓦小时，它相当于烧 8 900 000 千克标准煤、2 100 000 千克汽油、约 1 千克 ^{235}U 裂变、260 克氘聚变所发出的能量。

爱因斯坦这个公式也告诉我们：普通化学里讲的，化学反应前后的物质重量不变只是一个近似，以平常的氢燃烧为例：

$$2H_2 + O_2 \longrightarrow 2H_2O$$

4 克的氢和 32 克的氧结合，生成了 32 + 4 = 36（克）的水。但是它并不是完全精确的，因为在生成物一边，还有一部分热能放出来。按爱因斯坦能量—物质的关系式计算，这部分热能相当于 0.000 000 000 29 克。所以，精确的数字应该是：4 克的氢和 32 克的氧化合后，生成了 35.999 999 999 71 克的水……只不过这个差别（不到十亿分之一）太小，人们把它忽略了而已。

但是，它却告诉了我们一个重要的事实：化学变化能把物质的约十亿分之一转化为能量。

在裂变中，铀在分裂后生成的两个碎片外加几个中子的质量比分裂前的铀要少一些，大致上，每克铀裂变后的产物的总重量只有 0.999 克。或者说，裂变能把物质的约千分之一转化为能量。

再来看一看聚变，任何一个元素周期表上都有各个元素的原子量，氢是 1.007 97，氦是 4.002 6。所以，反应前的 4 个氢总重比氦多了约 0.03。加上电子质量的修正后，可以看出这一"聚变"大约能把物质的 1% 转化为能量。但是，就这样，这个质量变化比例已经比化学变化大了 1 000 万倍，在计算时已经不能忽略了。

总起来讲：

化学变化，可以把物质约十亿分之一变为能量；

裂变，可以把物质约千分之一变为能量；

聚变，可以把物质约百分之一变为能量。

既然如此，我们能不能有一种方法，能把物质的 1/10、1/5、1/2 甚至整个地全变成能量，那岂不是可以获得极大极大的能量了吗。

根据爱因斯坦的结论来看，如果能完成物质和能量的自由转换，那么，每 1 克物质转换成能量后，将相当于烧 8 900 吨标准煤；烧 2 100 吨汽油；1 千克铀的裂变；260 克氘的聚变。

1 克物质是多少？一粒黄豆的质量而已。

我们可以设想一下，预计我国在 21 世纪 50 年代，已经达到了中等发达国家的水平，十几亿人口在这 960 万平方千米的美丽的土地上享受着美满幸福的生活，每年耗能估计为 50 亿吨标准煤。按照这个理论，只要把不到 1 000 千克的什么物质（比如说废物垃圾）转化成能量，就够用了！

这是个什么概念，我们生长在物质构成的世界里，周围的东西、桌子、椅子、纸张、铅笔、台灯，乃至石头、砂子，哪一样不是物质？要能按质量—能量转换的规律去变能量，那么一点点东西不都可以变成巨大的、几乎是无穷尽的能量了吗？那时，我们根本就不必为能源问题而大伤脑筋，因为那已经不是个"问题"了。

但是有一个最大的问题是我们如何把随处可见的物质转换成能量。

科学家最后的结论是在地上无法办到，但是在天上却可以。

就像 19 世纪人类曾把疑惑的眼光投向太阳，企图寻找神秘的"天火"之谜的答案一样，现在，让我们再一次把眼光投向天空，投向比太阳远得多的宇宙深处。在那里，我们可以找到解决问题的办法和途径。

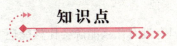

知识点

$$^{235}U$$

铀是原子序数为92的元素，元素符号是U，它是自然界中能够找到的最重的元素。它在自然界中有三种同位素存在，这三种同位素均带有放射性，并拥有非常长的半衰期，^{238}U在地球上存量最多，约为99.284%。^{235}U位居第二，约占0.7%。^{234}U所占比例最低。

^{235}U是制造核武器的主要材料之一，与其他两种铀的同位素共生于天然矿石中。只有把其他同位素分离出去，不断提高^{235}U的丰度，它才能用于制造核武器。这一提炼加工过程被称为铀浓缩。

延伸阅读

爱因斯坦相对论

爱因斯坦相对论是关于时空和引力的基本理论，主要由爱因斯坦创立，分为狭义相对论和广义相对论。狭义相对论讨论的是匀速直线运动的惯性参照系之间的物理定律，广义相对论则推广到具有加速度的参照系中，并在等效原理的假设下，广泛应用于引力场中。爱因斯坦相对论颠覆了人类对宇宙和自然的常识性观念，提出了"时间和空间的相对性"、"四维时空"、"弯曲空间"等全新的概念。质能公式是狭义相对论最著名的推论。在广义相对论中，爱因斯坦则成功地预言了引力透镜和黑洞的存在。

骇人的星体巨能

我们都知道，核能是能量非常大的新能源，但有没有什么能源会比核能还要厉害呢？

答案是肯定的。

说来可笑，这个能源却是非常平常，我们天天都见，而且并不把它当一回事的万有引力！

自从大物理学家牛顿发现万有引力以来，我们对万有引力已经不那么陌生了，地心引力已经是人们很熟悉的东西了。就引力本身而言，它在宇宙间各种力中是"小弟弟"，比电磁力或者核力都小得多，因此谁也没特别注意它。当然，由于引力而释放能量的例子也很多，其中也有引力能被大量使用的例子。水力发电，就是利用水从高处落到低处所发出的能量来驱动发电机，转化成电能供我们利用的。水坝越高，水的落差越大，水量越足，发的电就越多。像三峡电站，坝高保证了约 150 米的落差，在平均流量每秒 1.4 万立方米的情况下，可以发出 1 300 万千瓦的电量，

大物理学家牛顿

供应半个中国。它直接利用的虽然是水的引力能，但这个水却是靠太阳蒸发江湖河海的水到天上化作雨掉下来的，所以，它的来源仍是太阳能。不过，水力发电至少给了我们引力能的具体概念。

说到这里，人们不免会产生疑问，万有引力既然如此"微不足道"，那又怎么会比威力巨大的核能更厉害呢？

原来，这里有一个秘密，这秘密其实就藏在牛顿的万有引力公式里边。让我们再看看万有引力定律：

（1）两个物体之间存在相吸的万有引力；

（2）引力的大小和两个物体质量的乘积成正比，和两个物体间距离的平方（距离×距离）成反比。

在天体中，地球的质量和半径都不算大。在地球表面上，每克物质受到的引力也就是 10^{-2} 牛顿。

太阳比地球重多了，约为地球的 33 万倍。太阳的半径也很大，所以，物质在太阳表面的重量，也就是受到太阳的引力只比在地球上大 28 倍。一个体重 50 千克的人若跑到太阳上，他的体重就会变成 1 400 千克，他不但站不起来，躺着也会被自身的重量压扁。

如果太阳被压缩到只有地球那么大，这时太阳的质量不变，半径缩小了约为原来的 1%，这时 1 克物质在它的表面就会重达 3.3×10^3 牛顿。如果太阳被压缩到直径只有 2 千米时，你猜这时 1 克物质在它表面有多重？结果是很惊人的：1 克物质重达 1.3×10^7 牛顿！如果能在这个"星球"表面再建个"三峡水电站"的话，那你会发现，仅仅是一滴水从坝顶上掉下来，它的效果就等于地面上 100 个三峡水电站，这多么令人吃惊！但是，这个结论要有个前提，那就是把太阳压扁，半径缩小为原来的 1%，而质量是不变的。

太阳怎么会被压扁呢？太阳本身有 1 900 多亿亿亿吨重，而且这还是用地球上的"标准秤"称的，实际太阳表面上每"吨"东西都重达 2.8×10^5 牛顿，这么吓人的重量压下去，太阳为什么不扁？

太阳使自己不"扁"的唯一办法就是靠每秒钟"燃烧"7 万吨氢的"核火"，把内部的温度升到上千万度，像沸水顶起锅盖似的，好不容易把自己硬"撑"起来的。但如果氢这个"核火"燃烧完了呢？太阳不就会被压扁了吗？

是的，不管太阳有多大，氢总有被烧完的一天，而万有引力却是永恒的！

这里实际牵涉的不止是太阳，而是天空中千千万万颗星星的共同命运了。我们看到的这些星（包括太阳），虽然被称作"恒星"，其实都不是永恒的。天文学家告诉我们，太阳的氢大约还可以支持 50 多亿年。当氢被烧光后，太阳会发生很大的变化，转而烧更"难烧"的氦，把氦聚变成碳。当它再把氦也烧光之后，就真的会被自身压扁的。最后压缩成大小约和地球一般大的、非常紧密的"白矮星"。这种星在天上的别处早已看到过，它的密度一般在 1 000 万吨/立方米左右。也就是说，如果把它上面的东西拿到地面上来一称，手指那么大一块就重达 10^5 牛顿!

把太阳放到苍茫的宇宙中,太阳只不过是中等偏小的数以十亿百亿计的恒星中的一个,比它大的恒星不计其数,有比它重上十倍乃至几十倍的。

比太阳大的星,因为更大、更重,一开始它内部的压力和温度变得比太阳高得多。所以,它们"烧"起核燃料来比太阳又狠又快,而且花样也比太阳多。烧得狠,它们比太阳更亮;烧得快,它们的"命"比太阳短;烧的花样多,它们就不会在烧到氢之后就"没得烧",而是靠肚子里几十亿度的高温,让元素从轻到重地聚变,从氢—氦—碳—氖—氧……挨个儿"变"下去,一直变到铁。这时,不管有多高的温度,多大的压力,怎么折腾铁,它都挤不出"油水"来了。因此尽管巨星外面还很亮,但在它的最核心部分,"天火"永远地灭了。

而与此同时,巨星巨大的重量无情地压向已经"冷却"、不能抵抗的"铁"核。它那雷霆万钧的力量要比太阳大得多,所以,核心部分被彻底地压溃了!

化学知识告诉我们,原子放大了看,原来是很空的。如果把正常情况下的原子放大到有一个足球场那么大,你就会发现,除了那个呆在球场正中心、只有豌豆大却集中了原子重量 99.9% 以上的"硬"核以外,整个足球场上只有一些很轻的电子在游荡。别看这么空空荡荡的,按我们日常的标准来衡量,这些电子还相当耐压,即使像"白矮星"那样,也就是说,这时"原子"虽然被挤得很"扁",但中间仍是原子核,外边仍是电子,还多少是个"原子"的样子。可是,在"超重星"的核心部分,疯狂的压力已经使电子再也抵挡不住了。原子物理学家用各种名词来表达这一过程,用最普通的话来讲,那就是:电子简直就是被压进原子核里面去了。在"豌豆大"的原子核里,它和质子结合成为中子,原子已不复存在,或者更形象地说,原来的原子好像是一个足球场中放着一颗豌豆,而现在整个足球场都挤满了豌豆。这种全是原子核,或者更准确地说,全是中子紧紧挤着的东西密度有多大呢?每立方厘米有3 000亿千克!

从牛顿理论上推算过,如果太阳被压缩到直径只有几千米时,引力会大到每克物质重达 10^{11} 牛顿。所以,一滴水从100多米的高处落下,就会相当于100个三峡水电站;那么,如果它不是从100米,而是从1 000米,1万米,10

万米高处落下呢？

这就是巨星可怕的末日，相当于 100 个太阳烧 100 亿年的能量，在短到不过几秒的时间内一起释放了出来，巨星刹那间变成 10 万亿颗氢弹，惊天动地地爆炸开来。它发出的炫目的亮光盖过了整个银河——一颗"超新星"诞生了。

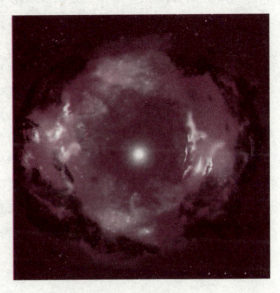

超新星诞生模拟图

这就是 900 多年前宋朝"钦天监"记录下来"昼见如太白"的客星，也就是现在已经炸飞到占"天"30 万亿千米，而且还以每秒 1 000 千米的速度继续飞散的"蟹状星云"——一颗巨星壮丽的死亡。

如果能够把这种比裂变、聚变又高得多的、能把物质——任何物质一半以上的质量直接转化为能量的话，那将是多么大的能量，简直不可想象。

当然，它离我们还很远。但是，回想 19 世纪，太阳能不是也离当时的人很远吗？而今，太阳能却在为人类服务，人类的潜能是巨大的，谁又能敢断言人类一定不能驯服这看似强大无比的宇宙能呢？一切皆有可能，我们将拭目以待。

知识点

白矮星

白矮星是一种低光度、高密度、高温度的恒星。因为它的颜色呈白色、

体积比较小，因此被命名为白矮星。白矮星是一种晚期的恒星。天狼星伴星是最早被发现的白矮星，体积和地球差不多，但质量却和太阳差不多，它的密度在1 000万吨/立方米左右。

根据现代恒星演化理论，白矮星是在红巨星的中心形成的。它的形成过程是这样的：当红巨星的外部区域迅速膨胀时，氦核受反作用力却强烈向内收缩，被压缩的物质不断变热，最终内核温度将超过1亿摄氏度，于是氦开始聚变成碳。经过几百万年，或者更长的时间，核反应过程变得更加复杂，中心附近的温度继续上升，最终使碳转变为其他元素。与此同时，红巨星外部开始发生不稳定的脉动振荡，稳定的恒星变为极不稳定的巨大火球，火球内部的核反应也越来越趋于不稳定，忽而强烈，忽而微弱。此时的恒星内部核心实际上密度已经增大到每立方厘米10吨左右，这时，在红巨星内部就诞生了一颗白矮星。

延伸阅读

900多年前的超新星爆炸记载

900多年前，我国的北宋至和元年（1054）的5月，当时的钦天监（天文台长）在接近日出的东方看到了一个奇特的现象：在人们非常熟悉的"天关"（现在的金牛星座）出现了一颗从来没有见过的亮星，它是如此之亮以至于超过了当时人们已知全天空最亮的太白金星，亮到白昼都能看得见。史书上写道："客星犯天关""昼见如太白，芒角四出，凡见二十三日""至嘉佑元年（1056）三月乃灭"。这段记录为今天的天文学留下了无价的参考资料。因为在世界其他地方都没有关于这颗"客星"的有关记载。那么它是什么现象呢？

900多年之后的今天，当人们用现代的望远镜再次指向这个位置时，看到的乃是一个距我们约6 000光年（也就是每秒能绕地球走七圈半的光要走6 000年的距离），直径大约$3×10^5$亿千米的一个气团，发着淡淡的白光，它现在仍以很大的速度（约每秒1 000千米）向四面飞散。时光倒推回去，900多年前这团发光的气云正好聚到一点：宋朝天文学家看到客星的地方。

这说明，在当时，这里曾发生过一次极为剧烈的大爆炸。现代天文学已经可以证明，这是一次 Ⅱ 型的超新星爆发。

开发黑洞潜能

在漫无边际的宇宙中，黑洞是一个孤立的天体，只有网球那样大小，但它的重量却跟地球差不多。人的肉眼是看不见它们的，即使科学家用天文望远镜也看不见它们，人们只能通过黑洞的巨大吸引力，才能确定它的存在。

黑洞有巨大的吸引力，如果宇宙飞船、航天飞机飞过黑洞，就会立刻消失。凡是在黑洞附近的物质，都被它吸进去，消失得无影无踪。

黑洞似乎很可怕，可是，经过科学家们的研究，找到了一种开发和利用黑洞的能量的方法：把生产原子能的核反应堆放到黑洞上去。人们把核燃料发射到黑洞上，由黑洞内巨大的引力压缩核燃料，迫使其实现核聚变反应，释放巨大的能量，人造卫星电站接收能量反射到地面。科学家把这种能量称作潜能。

潜能的开发利用，是一项巨大的星际工程。为使这一工程成功，人类要付出惊人的代价。尽管科学家在地球上还没有实现这样的任务，但是，一旦这项工程成功了，那就能源源不断地获得非常巨大的能量，而且是一本万利的。